油库技术与管理系列丛书

油品装卸技术与管理

马秀让　谢　军　主编

U0370462

石油工业出版社

内 容 提 要

本书主要内容为铁路、水路、汽车油品装卸技术与管理以及桶装油品灌装技术与管理，内容涵盖了装卸设备设施的选择与安装建设、油品装卸的技术要求、作业程序及操作方法、油品装卸设备的规格、性能、使用、维护及检修等。

本书可供油料系统各级管理者、油库业务技术干部及油库一线操作人员阅读使用，也可供油库工程设计与技术人员和石油院校相关专业师生参阅。

图书在版编目（CIP）数据

油品装卸技术与管理／马秀让，谢军主编 .—北京：石油工业出版社，2017.5

（油库技术与管理系列丛书）

ISBN 978-7-5183-1883-4

Ⅰ.①油… Ⅱ.①马… ②谢… Ⅲ.①油品装卸②油库管理 Ⅳ.①TE86②F407.22

中国版本图书馆 CIP 数据核字（2017）第 085926 号

出版发行：石油工业出版社
　　　　　（北京安定门外安华里 2 区 1 号　100011）
　　　网　　址：www.petropub.com
　　　编辑部：（010）64523583　图书营销中心：（010）64523633
经　　销：全国新华书店
印　　刷：北京中石油彩色印刷有限责任公司

2017 年 5 月第 1 版　2017 年 5 月第 1 次印刷
710×1000 毫米　开本：1/16　印张：10.75
字数：190 千字

定价：55.00 元
（如出现印装质量问题，我社图书营销中心负责调换）

序一

　　读完摆放在案头的《油库技术与管理系列丛书》，平添了几分期待，也引发对油库技术与管理的少许思考，叙来共勉。

　　能源是现代工业的基础和动力，石油作为能源主力，有着国民经济血液之美誉，油库处于产业链的末梢，其技术与管理和国家的经济命脉息息相关。随着世界工业现代化进程的加快及其对能源需求的增长，作为不可再生的化石能源，石油已成为主要国家能源角逐的主战场和经济较量的战略筹码，甚至围绕石油资源的控制权，在领土主权、海洋权益、地缘政治乃至军事安全方面展开了激烈的较量。我国政府审时度势，面对世界政治、经济格局的重大变革以及能源供求关系的深刻变化，结合我国能源面临的新问题、新形势，提出了优化能源结构、提高能源效率、发展清洁能源、推进能源绿色发展的指导思想。在能源应急储备保障方面，坚持立足国内，采取国家储备与企业储备结合、战略储备与生产运行储备并举的措施，鼓励企业发展义务商业储备。位卑未敢忘忧国。石油及其成品油库，虽处在石油供应链的末梢，但肩负上下游生产、市场保供的重担，与国民经济高速、可持续发展息息相关，广大油库技术与管理从业人员使命光荣而艰巨，任重而道远。

　　油库技术与管理包罗万象，工作千头万绪，涉及油库建设与经营、生产与运行、安全与环保等方方面面，其内涵和外延也随着社会的转型、能源结构及政策的调整、国家法律和行业法规的完善，以及互联网等先进技术的应用而与时俱进、日新月异。首先，随着中国社会的急剧转型，企业不仅要创造经济利润，还须承担安全、环保等社会责任。要求油库建设依法合规，经营管理诚信守法，既要确保上游平稳生产和下游的稳定供应，又要提供优质保量的产品和服务。而易燃、易爆、易挥发是石油及其产品的固有特性，时刻威胁着油库的安全生产，要求油库不断通过技术改造、强化管理，提高工艺技术，优化作业流程，规范作业行为，强化设备管理，持续开展隐患排查与治理，打造强大作业现场，实现油库的安全平稳生产。其次，随着国家绿色低碳新能源战略的实施及社会公民环保意识的提升，要求油库采用节能环保技术和清洁生产工艺改造传统工艺技术，降低油品挥发和损耗，创造绿色环保、环境友好油库；另外，随着成品油流通领域竞争日趋激烈，盈利空间、盈利能力进一步压缩，要求油库持续实施专业化、精细化管理，优化库存和劳动用工，实现油库低成本运作、高效率运行。人无远虑必有近忧。随着国家能源创新行动计划的实施，可再生能源技术、通信技术以及自动控制技术快速发展，依托实时高速的双向信息数据交互技术，以电能为核心纽带，涵盖煤炭、石油多类型能源以及公路和铁路运输等多形态网络系统的新型能源利用体系——能源互联网呼之欲出，预示着我国能源发展将要进入一个全新的历史阶段，通过能源互联网，推动能源生产与消费、结构与体制的链式变革，冲击传统的以生产顺应需求的能源供给模式。在此背景下，如何提升油库信息化、自动化水平，探索与之相融合的现代化油库经营模式就成为油库技术与管理需要研究的新课题。

　　这套丛书，从油库使用与管理的实际需要出发，收集、归纳、整理了国内外大量数据、资料，既有油库生产应知应会的理论知识，又有油库管理行之有效的经验方法，既涉及油库"四新技术"的推广应用，又收纳了油库相关规范标准的解读以及事故案例的分析研究，涵盖了油库建设与管理、生产与运行、工艺与设备、检修与维护、安全与环保、信息与自动化等方方面面，具有较强的知识性和实用性，是广大油库技术与管理从业人员的良师益友，也可作为相关院校师生和科研人员的学习和参考素材，必将对提高油库技术与管理水平起到重要的指导和推动作用。希望系统内相关技术和管理人员能从中汲取营养并用于工作，提升油库技术与管理水平。

中国石油副总裁　周昌惠

2016 年 5 月

序二

　　油库是储存、输转石油及其产品的仓库，是石油工业开采、炼制、储存、销售必不可少的中间重要环节。油库在整个销售系统中处在节点和枢纽的位置，是协调原油生产、加工、成品油供应及运输的纽带，是国家石油储备和供应的基地，它对于保障国防安全、促进国民经济高速发展具有相当重要的意义。

　　在国际形势复杂多变的当今，在国际油价涨落难以预测的今天，多建油库、增加储备，是世界各国采取的对策；管好油库、提高其效，是世界各国经营之道。

　　国家战略石油储备是政府宏观市场调控及应对战争、严重自然灾害、经济失调、国际市场价格的大幅波动等突发事件的重要战略物质手段。西方国家成功的石油储备制度不仅避免因突发事件引起石油供应中断、价格的剧烈波动、恐慌和石油危机的发生，更对世界石油价格市场，甚至是对国际局势也起到了重要影响。2007 年 12 月，中国国家石油储备中心正式成立，旨在加强中国战略石油储备建设，健全石油储备管理体系。决策层决定用 15 年时间，分三期完成石油储备基地的建设。由政府投资首期建设四个战略石油储备基地。国际油价从 2014 年年底的 140 美元/桶降到 2016 年年初的不到 40 美元/桶，对于国家战略石油储备是一个难得的好时机，应该抓住这个时机多建石油储备库。我国成品油储备库的建设，在近几年亦加快进行，动员石油系统各行业，建新库、扩旧库，成绩显著。

　　油库的设计、建造、使用、管理是密不可分的四个环节。油库设计建造的好坏、使用管理水平的高低、经营效益的大小、使用寿命的长短、安全可靠的程度，是相互关联的整体。这就要求我们油库管理使用者，不仅应掌握油库管理使用的本领，而且应懂得油库设计建造的知识。

为了适应这种需求，由中央军委后勤保障部建筑规划设计研究院与部分军内油库建设与管理专家和中国石油天然气集团公司部分专家合作编写了《油库技术与管理系列丛书》。丛书从油库使用与管理者实际工作需要出发，油库技术与管理手册的精华，收集了国内外油库管理及建设的新知识、新技术、新工艺、新标准、新设备、新材料，总结了国内油库管理的新经验、新方法，涵盖了油库技术与业务管理的方方面面。

丛书共13分册，各自独立、相互依存、专册专用，便于选择携带，便于查阅使用，是一套灵活实用的好书。本丛书体现了军队油库和民用油库的技术与管理特点，适用于军队和民用油库设计、建造、管理和使用的技术与管理人员阅读。也可作为石油院校教学的重要参考资料。

本丛书主编马秀让毕业于原北京石油学院石油储运专业，从事油库设计、施工、科研、管理40余年，曾出版多部有关专著，《油库技术与管理系列丛书》是他和石油工业出版社副总编辑章卫兵组织策划的又一部新作，相信这套丛书的出版，必将对军队和地方的油库建设与管理发挥更大作用。

解放军后勤工程学院原副院长、少将　　　　
原中国石油学会储运专业委员会理事

2016 年 5 月

丛书前言

 油库技术是涉及多学科、多领域较复杂的专业性很强的技术。油库又是很危险的场所，于是油库管理具有很严格很科学的特定管理模式。

 为了满足油料系统各级管理者、油库业务技术干部及油库一线操作使用人员工作需求，适应国内外油库技术与管理的发展，几年前马秀让和范继义开始编写《油库业务工作手册》，由于各种原因此书未完成编写出版。《油库技术与管理系列丛书》收集了国内外油库管理及建设的新知识、新技术、新工艺、新标准、新设备、新材料，采用了《油库业务工作手册》中部分资料。

 本丛书由石油工业出版社副总编辑章卫兵策划，邀中央军委后勤保障部建筑规划设计研究院与部分军内油库建设与管理专家和中国石油天然气集团公司部分专家用3年时间完成编写。丛书共分13分册，总计约400多万字。该丛书具有技术知识性、科学先进性、丛书完整性、单册独立性、管建相融性、广泛适用性等显著特性。丛书内容既有油品、油库的基本知识，又有油库建设、管理、使用、操作的技术技能要求；既有科学理论、科研成果，又有新经验总结、新标准介绍及新工艺、新设备、新材料的推广应用；既有油库业务管理方面的知识、技术、职责及称职标准，又有管理人员应知应会的油库建设法规。丛书整体涵盖了油库技术与业务管理的方方面面，而每本分册又有各自独立的结构，适用于不同工种。专册专用，便于选择携带，便于查阅使用，是油料系统和油库管理者学习使用的系列丛书，也可供油库设计、施工、监理者及高等院校相关专业师生参考。

 丛书编写过程中，得到中国石油销售公司、中国石油规划总院等单位和同行的大力支持，特别感谢中国石油规划总院魏海国处长组织有关专家对稿件进行审查把关。书中参考选用了同类书籍、文献和生产厂家的不少资料，在此一并表示衷心地感谢。

丛书涉及专业、学科面较宽，收集、归纳、整理的工作量大，再加时间仓促、水平有限，缺点错误在所难免，恳请广大读者批评指正。

《油库技术与管理系列丛书》编委会

2016 年 5 月

目　　录

第一章　铁路油品装卸技术与管理

第一节　铁路油品装卸区的方位选择及组成

一、铁路油品装卸区的方位选择

铁路装卸区的方位必须与铁路进线一致，宜布置在油库的边缘地带。这样不致因铁路油罐车的进出而影响其他各区的操作管理，也减少铁路与库内道路的交叉，有利于安全和消防。

为了便于实现自流装卸，铁路专用线的装卸作业线应当敷设在油库的最低或最高处。

铁路装卸区经常装卸油品，油气浓度大，为了预防火灾，应尽量布置在辅助作业区的上风方向，并与其他建筑物、构筑物保持一定的安全距离，且需符合GB 50074—2014《石油库设计规范》的要求。

二、铁路油品装卸区的组成

铁路装卸区是为完成接卸铁路油罐车来油和向铁路油罐车灌装油品并发出而设置的。其主要设备设施有铁路专用线、装卸油栈桥、装卸油鹤管、集油管、油泵站、放空罐等。当采用自流（下卸）接收油品时，还有零位油罐等设施。这些设备设施应符合 GB 50074—2014《石油库设计规范》的要求。

第二节　铁路专用线的布置

一、库外铁路专用线布置

（一）库外铁路专用线选线原则

（1）要尽量少搬迁、少占耕地，并应避开大中型建筑，如厂矿、水库、桥梁、隧道等。

（2）要尽量减少土石方工程，避免穿越自然障碍，并尽量不建桥梁、隧道和涵洞。

（3）要尽量避开滑坡、断层等不良地质条件。

（4）尽量靠近附近铁路干线的车站，缩短专用线长度，其长度一般不宜超过3~5km。不得在干线中途出岔，只能在车站出岔。在专用线与车站线路接轨处，应设安全线，长度一般为50m。

（二）库外铁路专用线布置的主要参数

（1）库外铁路专用线等级，见表1-1。

表1-1　库外铁路专用线等级

铁路等级	重车方向货运量（10^4t/a）	铁路等级	重车方向货运量（10^4t/a）
I	2000 以上	III	500~1000
II	1000~2000	IV	<500

（2）库外铁路专用线最大坡度，应符合表1-2。

表1-2　库外铁路专用线最大坡度　　　　　　　　（单位:‰）

铁路等级		I			II		
地形类别		平原	丘陵	山区	平原	丘陵	山区
牵引种类	电力	6.0	12.0	15.0	6.0	15.0	20.0
	内燃	6.0	9.0	12.0	6.0	9.0	15.0

（3）库外铁路专用线最小曲率半径，应符合表1-3。

表1-3　库外铁路专用线最小曲率半径

路段旅客列车设计行车速度（km/h）		160	140	120	100	80
最小曲率半径（m）	工程条件　一般地段	2000	1600	1200	800	600
	困难地段	1600	1200	800	600	500

二、库内装卸线布置

（一）装卸线布置要求与形式

装卸作业线应当是平坡直线，以利于散装油品的精确计量，防止油罐车内残留过多油品和油罐车滑溜发生事故。作业线附近属于爆炸危险场所，为了安全防火，铁路机车送、取车应是推车进库，拉车出库，作业线一般采取尽头式或贯通式布置。作业线终端车位的末端到车挡的距离不应小于20m，以防调车时油罐车冲出车挡，造成事故。

装卸线布置形式一般有三股、双股、单股等三种形式，见图 1-1。大、中型油库一般应设双股线；有黏油散装收发的大、中型库宜设三股线；车位为 12 个以下的小型油库设单股线。有轻油和黏油同时收发的单股线，应将黏油收发作业段放在装卸线的尾部，轻油放在前面。相邻装卸线的间距见图 1-1，不加括号的数字宜用于小鹤管，加括号的数字用于大鹤管。

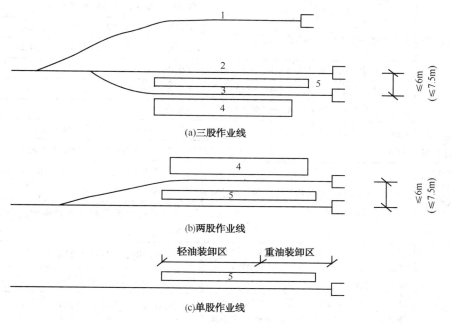

图 1-1　铁路油品装卸作业线

1—黏油作业线；2—轻油作业线；3—轻油与桶装油品共用作业线；
4—装卸站台；5—装卸油品栈桥

GB 50074—2014《石油库设计规范》对装卸线设置给出了详细规定，见表 1-4。

表 1-4　GB 50074—2014《石油库设计规范》对装卸线设置的相关规定

项目	对装卸线设置的相关规定
布置要求	（1）装卸线应为尽头式
	（2）装卸线应为平直线，股道直线段的始端至装卸栈桥第一鹤管的距离，不应小于进库油罐车长度的二分之一。装卸线设在平直线上确有困难时，可设在半径不小于 600m 的曲线上
	（3）装卸线上油罐车列的始端车位车钩中心线至前方铁路道岔警冲标的安全距离，不应小于 31m；终端车位车钩中心线至装卸线车挡的安全距离应为 20m

项目	对装卸线设置的相关规定	
	建(构)筑物	距离
铁路装卸油作业线与库内建(构)筑物的距离	(1)油品装卸线中心线至石油库内非罐车铁路装卸线中心线	①装甲B、乙类油品的不应小于20m
		②卸甲B、乙类油品的不应小于15m
		③装卸丙类油品的不应小于10m
	(2)铁路中心线至石油库铁路大门边缘	①有附挂调车作业时,不应小于3.2m
		②无附挂调车作业时,不应小于2.44m
	(3)铁路中心线至油品装卸暖库大门边缘	不应小于2m
	(4)暖库大门的净空高度(自轨面算起)	不应小于5m
	(5)油品装卸鹤管至石油库围墙铁路大门	不应小于20m
	(6)油品装卸栈桥边缘与油品装卸线中心线的距离	①自轨面算起3m及以下不应小于2m
		②自轨面算起3m以上不应小于1.85m
	(7)相邻两座油品装卸栈桥之间两条油品装卸线中心线的距离	①当二者或其中之一用于装卸甲B、乙类油品时,不应小于10m
		②当二者都用于装卸丙类油品时,不应小于6m
	(8)甲B、乙、丙A类油品装卸线与丙B类油品装卸线,宜分开设置。若合用一条装卸线,两种鹤管之间的距离	①同时作业时,不应小于24m
		②不同时作业时,可不受限制
	(9)桶装油品装卸车与油罐车装卸车合用一条装卸线时,桶装油品车位至相邻油罐车车位的净距	①同时作业时,不应小于10m
		②不同时作业时,可不受限制
	(10)油品装卸线中心线与无装卸栈桥一侧其他建筑物或构筑物的距离	①在露天场所不应小于3.5m
		②在非露天场所不应小于2.44m(非露天场所系指在库房、敞棚或山洞内的场所)

注：油品装卸线的中心线与其他建筑物或构筑物的距离，尚应符合"油库内建筑物、构筑物之间防火距离"的规定。

（二）装卸线长度的确定

装卸线长度是指某股装卸线停车车位长度与安全线长度的总和。常见的双股装卸线且同时只收发轻油的作业线长度计算式为：（见图1-2）。

$$L = L_1 + L_2 + L_3 \qquad (1-1)$$

式中　L——装卸线单股长度，m；

　　　L_1——装卸线警冲标至第一辆油罐车始端车位车钩中心线的距离（规范要求 $L_1 \geqslant 31\text{m}$），m；

L_2——装卸线最后车位的末端车位车钩中心线至车挡的距离（规范要求 $L_2 = 20\text{m}$），m;

L_3——装卸线单股停车车位的总长度（$L_3 = \dfrac{1}{2}nL_\text{车}$），m;

n——一次到库的最多油罐车总数;

$L_\text{车}$——一辆油罐车的计算长度（一般取 $L_\text{车} = 12.2\text{m}$），m。

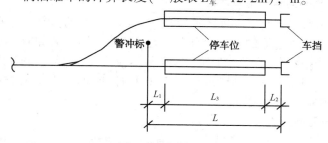

图1-2 作业线长

因此对于双股装卸线同时只收发轻油的作业线单股长的计算公式可简化为:

$$L_\text{双单} \geqslant 51 + 6.1n \qquad\qquad (1-2)$$

对于在双股装卸线的某股装卸线上同时收发轻油和黏油时，此股装卸线的计算公式为:

$$L_\text{双混} \geqslant 63 + 6.1n \qquad\qquad (1-3)$$

对于单股作业时，没有警冲标，$L_1 = 0$，对于只收发轻油的单股作业线长 $L_\text{单} = 20 + 6.1n$；对于同时收发轻油和黏油的单股作业线长 $L_\text{单混} = 32 + 6.1n$。

一次到库最多油罐车总数 n 的选择，非商业用油库参见表1-5，地方油库参考表1-6选取。

表1-5 非商业用油库一次停靠的油罐车节数

油库等级	一次停靠的油罐车节数	油库等级	一次停靠的油罐车节数
一级	40	四级	20
二、三级	30	五级	10

注:具备水上运油条件的,一次停靠的油罐车节数可根据情况适当减少。

表1-6 地方油库一次到库油罐车节数参考表

油库规模	油罐车节数	
	轻油	黏油
大、中型油库	20~30	5~10
小型油库	10~15	3~5

（三）非商业用油库装卸线的特殊要求

非商业用油库装卸甲B、乙类油品的铁路作业线，应距其停车位20m以外设置供移动油泵连接的应急装卸油接口，其公称直径不应小于150mm。

三、货物装卸站台布置

（一）货物装卸站台布置的要求

货物装卸站台主要是装卸桶装油料和油料器材，它的位置应选在装卸线一侧靠近桶装仓库和器材仓库的一边，若有可能与油罐车同时装卸时，则站台应布置在装卸线的尾端。站台面高出轨面，其高差不应小于1.1m。站台边缘与装卸线中心线的距离，当站台面与轨面的高差等于1.1m时不应小于1.75m；当高差超过1.1m时，不应小于1.85m。

（二）货物装卸站台尺寸

装卸站台的尺寸应根据货物装卸量确定，一般站台长为50～100m，宽应为6～15m。站台与道路衔接处的端头应设坡度不大于1：10的斜道，便于车辆上下。

第三节　装卸油栈桥的布置及结构选择

装卸甲、乙类油品的铁路作业线，应设装卸油栈桥。装卸丙类油品的铁路作业线，应设油品下卸接口。铁路作业线为单股道时，装卸油栈桥宜设在与装卸油泵站的相邻侧。装卸油栈桥应采用混凝土结构或钢结构。装卸油栈桥桥面宜高于轨顶3.5m，桥面宽度宜为1.8～2.2m。

一、铁路装卸油作业界限

装卸油作业栈桥是为方便装卸油品所设的装卸台，通常与装卸油鹤管一起建造。栈桥桥面宜高于轨面3.5m。栈桥边缘距作业线中心线的距离，自铁轨顶部起算高度为3m以下者不应小于2m；高为3m以上者应不小于1.85m。装卸作业栈桥建造与鹤管安装位置必须符合GB 146.2—1983《标准轨距铁路建筑限界》的有关规定，见图1-3，鹤管在铁路接近限界之内部分的最低位置距铁轨顶部的高度不小于5.5m。

二、装卸油栈桥的布置

（一）单股道装卸油栈桥

（1）单股道装卸油栈桥设有轻、黏油装卸鹤位，鹤管可收发多种油品，其中

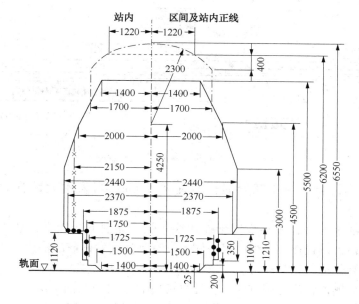

图 1-3　标准轨距铁路接近限界（单位：mm）

×—×—— 信号机、水鹤的建筑接近限界（正线不适用）；

—●—●——站台建筑接近限界（距限界中心线 1875mm 以下的限界）（正线不适用）；

——各种建筑物的基本接近限界；

—— 适用于电力机车牵引的线路的跨线桥、天桥及雨棚等建筑物；

┈┈┈ 电力机车牵引的线路的跨线桥在困难条件下的最小高度

一类鹤管专用于收发量大的油品，二类鹤管分别用于收发其他油品。

（2）装卸油品栈桥与站台最好分侧设置，当分侧设置确有困难时，可同侧设置，但不应因建站台而减鹤管。

（3）轻油泵房（站）最好与装卸油栈桥设在同侧。黏油下卸接头、黏油泵房（站）桶装油料装卸站台设置在作业线的另一侧。没有黏油收发任务的油库，去掉黏油鹤位，站台位置作适当调整即可。

（4）油品装卸鹤管至油库铁路大门的距离不应小于 20m，距车挡的距离不应小于 26m。

单股道装卸油栈桥示意图，见图 1-4。

（二）两股道装卸油栈桥

（1）两股道装卸油栈桥设有轻、黏油装卸鹤位，鹤管可收发多种油品，其中一类鹤管专用于收发量大的油品，二类鹤管分别用于收发其他油品。

（2）两股装卸线，一般宜将装卸栈桥布置在两股装卸线的中间。两股装卸线

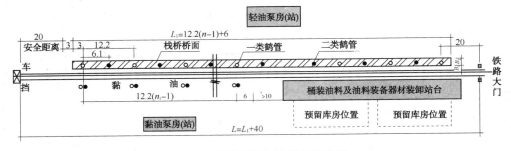

图 1-4　单股道装卸油栈桥示意图

中心线的距离，当采用小鹤管时，不宜大于 6m；当采用大鹤管时，不宜大于 7.5m。

（3）轻油泵房（站）单独设置于作业线一侧，黏油下卸接头、黏油泵房（站）和装卸油料站台设置在作业线的另一侧，没有黏油收发任务的油库，去掉黏油鹤位，站台位置作适当调整即可。

（4）当分侧设置确有困难时，轻油泵房（站）也可与黏油泵房（站）同侧设置。两股道装卸油栈桥示意图，见图 1-5。

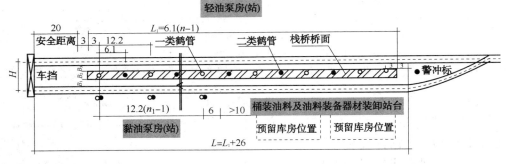

图 1-5　两股道装卸油栈桥示意图

（三）三股道装卸油栈桥

（1）三股道装卸油栈桥设有轻、黏油装卸鹤位，三股作业线均可收发轻油，其中一股作业线可收发黏油。

（2）鹤管可收发多种油品，其中一类鹤管专用于收发量大的油品，二类鹤管分别用于收发其他油品。

（3）轻油泵房（站）单独设置于作业线一侧，黏油下卸接头、黏油泵房（站）和桶装油料装卸站台设置在作业线的另一侧。没有黏油收发任务的油库，去掉黏油鹤位，站台位置作适当调整即可。

（4）当分侧设置确有困难时，轻油泵房（站）也可与黏油泵房（站）同侧设置。

（5）两座装卸栈桥相邻时，相邻两座装卸栈桥之间的两条装卸线中心线的距离，当二者或其中之一用于甲B、乙类油品装卸时，不应小于10m；当二者都用于丙类油品装卸时，不应小于6m。

三股道装卸油栈桥示意图，见图1-6。

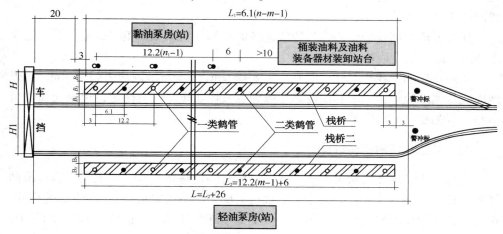

图1-6　三股道装卸油栈桥示意图

三、装卸油栈桥尺寸确定

（一）栈桥长度计算

栈桥（图1-7）长度计算公式如下：

$$L_栈 = N \cdot L + 6 \qquad (1-4)$$

式中　N——同种油品鹤管之间的间距个数，比同种油品鹤管数少1；

　　　L——同种油品鹤管之间的间距（一般取 $L=12.2\text{m}$），m。

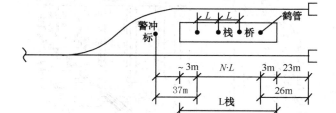

图1-7　栈桥长度计算

（二）栈桥高度和宽度的确定

栈桥的高度根据我国油罐车的高度确定，一般栈桥桥面比铁轨顶标高高 3.5m。

栈桥的宽度根据铁路收发油的频繁程度和两条平行装卸线中心线的间距确定，应满足栈桥结构边缘及依附栈桥架设的管线、管架等凸出物不超过建筑接近界限图 1-3 的规定。

规范要求装卸线的中心线与栈桥边缘的距离，自轨面算起 3m 及以下不应小于 2m；3m 以上不应小于 1.85m。

非商业用油库栈桥宽度一般宜为 1.8~2.2m，特殊情况下不小于 1.0m。地方油库栈桥宽度应根据一次到库的罐车数和收发作业频繁程度确定，单侧使用的可窄些，双侧使用的可宽些。

四、装卸油栈桥结构选择

栈桥是为装卸油品所设的装卸台，一般与鹤管建在一起。按规范要求栈桥两端和沿栈桥每隔 60~80m 处应设上下栈桥的梯子。桥面周边设高约 80cm 的栏杆，在安装鹤管的位置留缺口并设吊梯，供上下油罐车使用，吊梯倾角不应大于 60°。装卸油栈桥有钢筋混凝土结构、组装式和活动栈桥等三种。

（一）钢筋混凝土结构装卸油栈桥

根据使用实践，钢筋混凝土结构比钢结构较好，减少了维修保养的工作量。钢筋混凝土栈桥宜采用"T"形结构，栈桥立柱的间距应尽量与鹤管一致，一般为 6.1m 或 12.2m，桥面用钢筋混凝土预制板或现浇钢筋混凝土。钢筋混凝土栈桥结构见图 1-8。

图 1-8　钢筋混凝土栈桥示意图

1—立柱；2—活动过桥；3—保护栏杆；4—作业平台；5—斜梯

（二）组装式装卸油栈桥

组装式装卸油栈桥，其结构见图1-9。组装式装卸油栈桥的特点是全钢结构，强度高，寿命长；构件之间采用螺栓连接，装配时间短，不需要动火作业；斜梯踏步和栈桥平台采用钢板制造，防滑性好，栈桥长度可任意组合；活动过桥操作灵活，不会发生碰撞，安全性好。图1-10所示是某油库组装式铁路作业栈桥的照片。

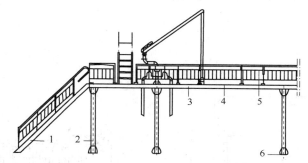

图1-9　组装式铁路装卸油栈桥

1—扶梯；2—立柱；3—主梁；4—台面板；5—栅栏；6—安装底板

图1-10　某油库组装式铁路装卸油栈桥

（三）活动栈桥

活动栈桥的特点是采用了阻尼平衡器，过桥起落缓慢无冲击，轻松省力；工作角度大，可低于水平面25°，能适应不同类型的油罐车与栈桥间搭设过桥；平行活动的杆状扶手使行人有可靠保护；转动铰接点采用不锈钢销和尼龙套，不生锈，无需润滑；安装简单，只需用 M16 螺栓连接。活动栈桥分为固定长度和可变长度两种，如图 1-11、图 1-12 所示。

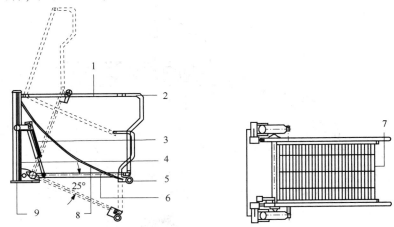

图 1-11　固定长度活动过桥

1—连杆；2—弯头杆；3—平衡器；4—立柱；5—橡胶轮；
6—踏板梁；7—踏板组合；8—尼龙绳；9—连接底板

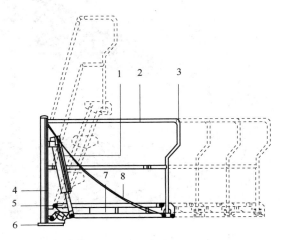

图 1-12　可变长度活动过桥

1—平衡器；2—连杆；3—弯头杆；4—立柱；5—踏板梁；6—底板；7—踏板组合；8—尼龙绳

第四节　铁路运油和装卸油设备设施

一、铁路油罐车及其附件

铁路油罐车虽然不是装卸作业区的设备，也不是油库管理的设备，但它经常进出该区域，是装卸油作业中必须操作使用的主要设备之一。

铁路油罐车是散装油品铁路运输的专用车辆。按其装载油品分为轻油罐车、黏油罐车和润滑油专用罐车等，载重量有 30t、50t、60t、80t 等多种。

（一）轻油铁路油罐车及其附件

轻油铁路油罐车(轻油罐车)是运输轻质油品(如汽油、煤油、柴油等)用的，罐体外为银白色。图 1-13 为 G50 型 50m³ 轻油罐车。这种油罐车的总容积为 52.5m³，有效容积为 50m³。

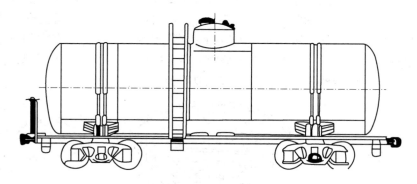

图 1-13　G50 型 50m³ 轻油罐车

为减少运输途中的呼吸损耗和保证安全，轻油罐车在罐体上(或空气包上)装有一个进气阀(见图 1-14)和两个出气阀(见图 1-15)。其控制压力为 1.5×10^5Pa，真空度为 0.2×10^5Pa。当油罐车内的真空度超过 0.2×10^5Pa 时，罐内外压差压缩控制弹簧打开进气阀，大气进入罐内。当油罐车内真空度小于 0.2×10^5Pa 时，弹簧张力将进气阀关闭，切断与大气的通路。当油罐车内的正压超过 1.5×10^5Pa 时，罐内外压差压缩控制弹簧打开出气阀，排出油气混合气体；压力小于 1.5×10^5Pa 时，在弹簧张力的作用下关闭进气阀。进气阀和出气阀弹簧张力的大小可用旋转螺帽来调节。

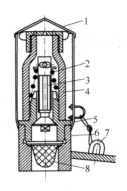

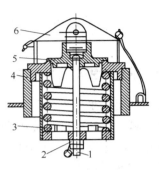

图 1-14 轻油罐车进气阀

1—过滤器；2—铅封环；3—连接短管；
4—阀座；5—阀体；6—阀芯；7—弹簧；8—阀罩

图 1-15 轻油罐车出气阀

1—螺杆；2—螺帽；3—弹簧；
4—连接短管；5—阀盘；6—阀罩

近年来，结构简单的轻油罐车呼吸式安全阀(图 1-16)已取代了进气阀和出气阀。呼吸式安全阀的作用原理和进气阀及出气阀一样。当油罐车内的压力大于 $1.5×10^5$ Pa 时，压力压缩呼出阀上的弹簧，吸入阀及呼出阀一同上升，排出气体。反之，弹簧弹力促使吸入阀及呼出阀一同恢复原位。当油罐车内的真空度大于 0.1 倍标准大气压时，大气压力压缩吸入阀上方的弹簧，吸入阀下降，大气进入罐内。反之，弹簧的弹力促使吸入阀恢复原位。

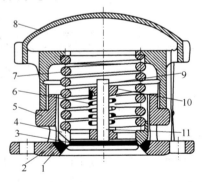

图 1-16 轻油罐车呼吸式安全阀

1—阀体；2—阀座；3—O 形垫圈；4—呼出阀；5—锁螺母；6—吸入阀弹簧；
7—呼出阀弹簧；8—阀盖；9—开口销；10—上弹簧座；11—吸入阀

(二) 黏油铁路油罐车及其附件

黏油铁路油罐车(黏油罐车)大多数设有加热装置和放油装置。运输原油的罐车外表为黑色，运送润滑油的罐车外表为黄色。图 1-17 所示为 50m³ 的 G12 型黏油罐车。

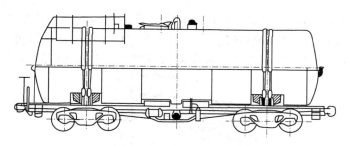

图 1-17　G12 型黏油罐车

　　罐车加热套为夹层式，呈半圆筒形，焊接在罐体的下部。它的外壳用 5mm 厚的钢板制成，内壳体利用罐体钢板。夹层的间隔为 35mm。加热套部分罐体总面积为 37.5m²，四周用 35mm×35mm 的角钢作为纵向和环向的支铁。环向支铁设有通气槽，以便蒸汽通过和凝结水排出。这种带加热套的油罐车加热效果好，蒸汽损耗量少，操作方便，蒸汽不与油品直接接触，保证了油品的质量，与内部有蒸汽加热管的黏油罐车相比加热快 4~6 倍，缩短了卸车时间，得到广泛的应用。

　　黏油罐车放油装置有两种，一种是 G12 型的黏油罐车放油装置，见图 1-18。罐体中央下部设有双作用式中心放油阀，中心阀两侧分别设侧放油阀。图 1-19 是双作用式放油阀，阀门体由铸钢制造，直接焊在罐体上，夹层为中心放油阀的加热套，设有进气孔和排水孔。卸油器的密闭装置由上下阀组成。这种双作用式的放油装置结构复杂，通路小，卸油速度慢。

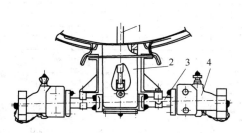

图 1-18　G12 型黏油罐车放油装置

1—阀杆；2—中心放油阀；
3—放油管；4—侧放油阀

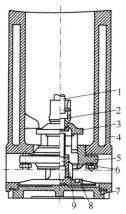

图 1-19　双作用式中心放油阀

1—开闭轴；2—阀套；3—上阀；4—阀体；
5—阀座；6—阀杆；7—阀盖；8—下阀；9—导向肋

另一种安装在 G17 型油罐车上的放油装置，称为球形中心放油装置，见图 1-20。这种阀的零件少、重量轻、通道大、卸油速度快、操作简便。开闭时只需将扳手旋转 90°，使球形芯的孔道和阀体通道贯通，液体即可流出。

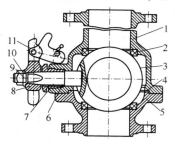

图 1-20　球形中心放油阀

1—阀体；2—密封圈；3—阀芯；4—耐油橡胶石棉垫；5—阀盖；
6—轴封填料；7—压盖；8—开闭轴扳手；9—开闭轴；10—压紧螺母；11—锁铁

（三）国产主型铁路油罐车的基本类型尺寸

国产主型铁路油罐车的基本类型尺寸见表 1-7。

表 1-7　国产主型铁路油罐车规格表

罐　车		重量参数				容积参数		
车型	用途	自重	标记	实际重量	自重系数	总容积	有效容积	容积计量表
		（t）				（m³）		
C12	黏油	23.3	50.0	44.0	0.53	52.50	51.0	
C12	黏油	22.7	50.0	44.0	0.52	52.50	55.0	604
C16	轻油	19.1	50.0	42.0	0.40	52.50	50.0	605
C17	黏油	23.5	52.0	52.0	0.45	62.09	60.0	661
C19	轻油	20.7	63.0	63.4	0.34	80.36	77.0	
C50	轻油	21.5	50.0	42.0	0.51	52.50	50.0	604
C50	轻油	22.0	50.0	42.0	0.53	52.00	50.0	604
C50	轻油	23.5	50.0	42.0	0.56	52.00	50.0	600
C50	轻油	19.8	50.0	42.0	0.47	52.50	50.0	605
C60	轻油	21.7	60.0	48.0	0.45	64.39	58.4	660
C60	轻油	21.0	50.0	50.0	0.40	62.09	60.0	662
C60A	轻油	18.53	52.0	52.0	0.37	62.09	60.0	662

罐车		最大尺寸（mm）				罐体（mm）			结构特点
车型	用途	钩舌内侧距离	两端梁间长度	高	宽	内直径	总长	罐体中心线距轨面	
C12	黏油	11608	10700	4638	2892	2600	10260	2463	
C12	黏油	11748	10840	4442	2892	2600	10160	2463	无气包
C16	轻油	11808	10900	4428	2882	2600	10160	2404	无气包无底架
C17	黏油	11958	11050	4747	3100	2800	10410	2567	无气包无底架
C19	轻油	14082	13140	4617	3080	2800	12960	2491	倾斜底无气包无底架下卸
C50	轻油	12408	11500	4638	3020	2600	10000	2465	
C50	轻油	11708	10800	4620	3020	2600	10000	2468	
C50	轻油	11408	10500	4612	3020	2600	10026	2437	
C50	轻油	11542	10643	4528	2892	2600	10160	2445	无气包
C60	轻油	11408	10500	4755	3220	2800	9810	2547	
C60	轻油	11958	11050	4747	3100	2800	10410	2567	无气包
C60A	轻油	11992	11050	4442	2930	2800	10410	2530	无底架无气包

二、铁路装卸油设备设施要求

（一）油品装卸鹤管的要求

装卸油鹤管是铁路油罐车上部装卸油的专用设施。为提高装卸油速度，装卸油鹤管的数量应当保证到库油罐车能够一次对位，具体数量应根据各油库的情况确定；大多数油库的鹤管间距为12.2m，但因油罐种类较多，很难全部对准，鹤管间距6.1m时可全部对准；鹤管的布置形式一般采取两用、单鹤管式。

鹤管的主体由 ϕ108mm 和 ϕ200mm 的钢管和铝管制成。鹤管的水平伸长不得小于2.6m。鹤管的结构型式必须满足操作方便、安全可靠的要求。为了适应在多类型油罐车编组情况下，都能做到不摘钩装卸，鹤管都应有左右旋转、上下起落、前后伸缩的装置，以减少对位的困难。

（二）集油管的要求

集油管是一条平行于铁路作业线的油品汇集总管，装卸油时都通过集油管汇集或分流；集油管用无缝钢管制成，在集油管的中部引出一条输油管与油泵相连。

集油管的长度和位置，应根据油罐车位数和装卸区的平面布置确定。其直径应根据装卸油品的数量、允许卸油时间、油品性质、泵的吸入能力，以及泵站地坪与铁轨的标高差等通过工艺计算确定。在油库中，往往是根据设计任务要求的装卸油量，初选集油管的直径，然后校核吸入管路的工作情况，其经验数据见表1-8。

表1-8　集油管直径参考表

卸车流量（m³/h）	集油管直径（mm）	卸车流量（m³/h）	集油管直径（mm）
200~400	300~400	80~120	200~250
120~220	250~300		

为保证装卸作业结束后，积存在管路中的油品能够自流放空，集油管必须按一定的坡度敷设，其最小坡度为：轻油 3‰~5‰；润滑油 5‰~10‰。集油管自两端（或一端）起下坡向输油管接口，输油管下坡向泵房。

不同油品应有各自的集油管，用泵卸油时，集油管一端与油泵的吸入管线相接，油品经泵输送到储油罐。自流卸油时，集油管与接卸油管线相接，油品进入零位油罐，集油管的另一端与鹤管相连接。对单股作业线集油管布置在靠泵房一侧。对双股作业线，集油管应布置在两股作业线中间。此时鹤管供两条作业线使用，泵的吸入管需要穿过铁路。

（三）零位罐的要求

为了快速卸油，有的油库设有零位罐。零位罐的容量根据一次到库的最大油罐车数量考虑。

零位油罐的罐底标高及装油高度，既要考虑自流卸油的要求，又要考虑泵的吸入状况，还应考虑地下水位等因素。通常在一定容量下，零位油罐的高度较小而直径较大，以统一上述矛盾。

（四）真空管和抽底油管的要求

真空管和抽底油管与鹤管的连接形式有两种。

1. 自流卸油系统的真空管和抽底油管

图1-21 所示是自流卸油真空管和抽底油管。每一种油品的真空管和集油管在该种油品鹤管处预留一个短管接头，为抽底油使用。同时分出一根支管接至鹤管控制阀门上方，打开该支管阀门，即可抽净鹤管中的空气，造成虹吸。若采用泵卸油时，需打开油泵排出口阀门，在油品自流进入油泵时，将吸入管中的空气经输油管从油泵中排出，但操作时很不方便，用泵卸油时很少采用。

· 18 ·

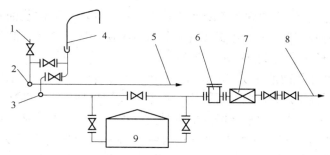

图 1-21　自流卸油系统的真空管和抽底油管布置

1—抽底油管；2—真空总管；3—集油管；4—鹤管；

5—至真空罐；6—过滤器；7—离心泵；8—至油罐；9—零位油罐

2. 油泵卸油系统的真空管和抽底油管

图 1-22 所示是油泵卸油系统的真空管和抽底油。在油泵吸入口处将真空管路与泵吸入管连接（通常连接在过滤器上）。使用时，泵吸入系统的空气由真空系统抽走。这种形式造成虹吸的速度较慢，但油泵可以避免开阀启动。另外，从真空罐将管线引至鹤管附近，作为抽底油使用的真空管。抽底油总管一般采用 DN50 钢管，抽底油短管一般采用 DN40 钢管或胶管。

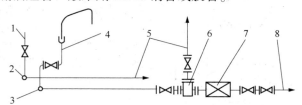

图 1-22　油泵卸油系统的真空管和抽底油管布置

1—抽底油管；2—真空总管；3—集油管；4—鹤管；

5—至真空罐；6—过滤器；7—离心泵；8—至油罐

（五）油泵站的要求

为减少集油管的阻力损失，从而减少泵吸入系统阻力损失出发，铁路装卸油作业区油泵站的位置，一般设置在装卸同类油品集油管长度的中心位置。泵站应尽量靠近铁路作业线；从防火安全出发，泵站距作业线又不能太近。综合以上两个方面，轻油泵站距离铁路作业线的中心不应小于8m。

三、装卸油鹤管

油库用装卸油鹤管的种类较多，有固定式万向鹤管、自重力矩平衡鹤管、弹簧力矩平衡鹤管、铁路油罐车密闭装油鹤管、铁路油罐车防溢装油鹤管、气动潜油泵油罐车卸油鹤管、液动潜油泵油罐车卸油鹤管、气动鹤管、卸油臂等。各种鹤管的公称直径大多为 DN80 或 DN100。

20 世纪 70 年代前油库使用的鹤管主要有软管、固定式万向鹤管、可拆卸鹤管等，以手动为主。20 世纪 70~80 年代在技术革新中出现了一大批电动、气动、手动鹤管。进入 90 年代，在总结经验的基础上，加大鹤管研究力度，研究方向以手动为主，研制出了各种形式的手动鹤管，特别是对密封装置进行了改进，由径向密封改为端面密封，采用聚四氟乙烯密封材料。与此同时研制出了液动和气动潜油泵油罐车卸油鹤管，铁路油罐车密闭装油鹤管，解决了夏季卸油难的问题。

（一）各种鹤管的特点

各种鹤管的优缺点分析比较，见表1-9。

表1-9　各种鹤管优缺点比较

鹤管名称	图例	说明
软管	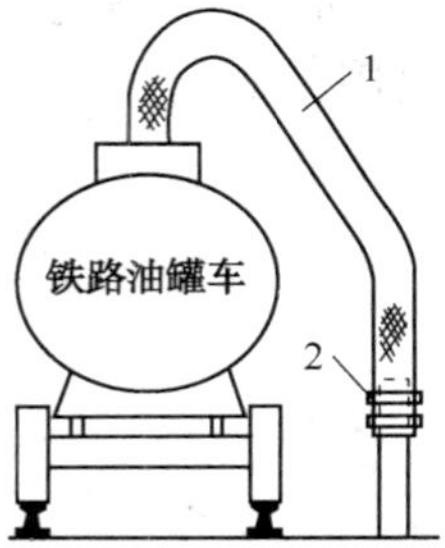 1—橡胶软管；2—连接卡子	软管是一种由操纵人员直接将橡胶软管插入油罐车底部。即可作业的简便方式。它的特点是使用可靠无渗漏，与罐车口对位方便。但使用寿命短，摩阻大、笨重
吊架式软管	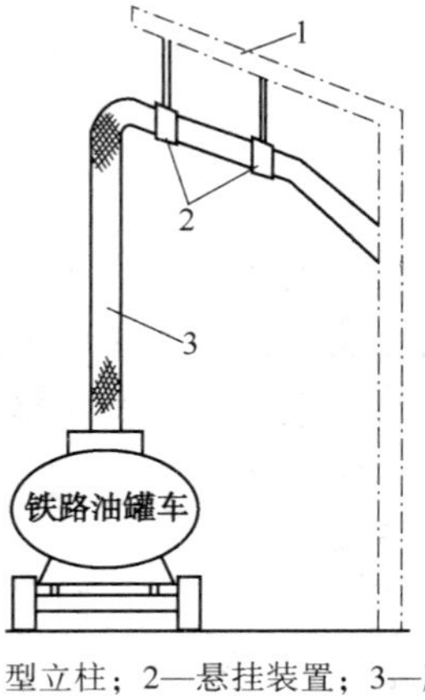 1—L型立柱；2—悬挂装置；3—胶管	软管由L型立柱悬吊，采用 DN80 橡胶软管，其优点是使用可靠、无渗漏

鹤管名称	图　例	说　明
万向式鹤管	 1—半径管；2—吸入管；3—快速接头	万向式鹤管的特点是由于增设了半径管，与罐车口对位较为方便，其缺点是需用人工将吸油管放入罐车内，再通过快速接头与鹤管连接
可拆卸鹤管	 1—快速接头；2—旋转式快速接头	可拆卸鹤管的特点是当作业完毕后，可通过快速接头2将鹤管拆下搬进库房存放。其缺点是使用不方便，密封不严，劳动强度较大
扭簧摆动鹤管	 1—扭簧；2—半径管	扭簧鹤管为国外产品，在使用时由人工直接操纵，通过扭簧来支撑半径管，其优点是可减轻操作时的劳动强度

鹤管名称	图　　例	说　　明
固定式万向鹤管	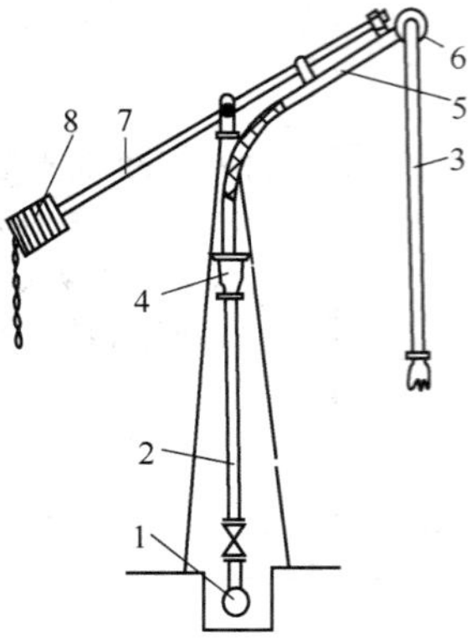 1—集油管；2—立管；3—铝制短管； 4—旋转接头；5—横管；6—转动接头； 7—活动杆；8—平衡重	这种鹤管是由 $\phi108mm$ 的钢制立管、横管、铝制短管、旋转接头、活动杆、平衡重等组成，其特点是重量轻、操作方便，转动灵活，减轻了劳动强度，可以避免当它与油罐车碰撞时产生火花
气动鹤管	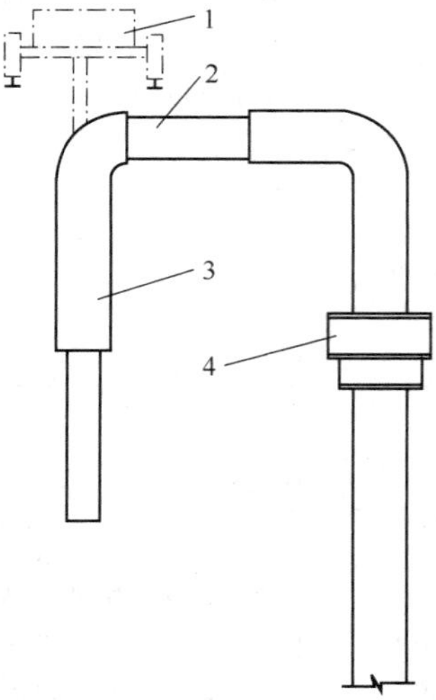 1—电动小车；2—伸缩管； 3—升降管；4—回转气缸	气动鹤管的最大特点是鹤管的左右旋转是通过回转气缸来实现的，旋转角度小于360°，升降管本身是两节套筒气缸，伸缩管本身也是套筒气缸。这种鹤管存在的主要问题是回转气缸运动时冲击太大，而且很笨重(约500kg)。另外，另有一种气动鹤管的旋转、伸缩管的移动是通过电动小车来驱动，见图中虚线

鹤管名称	图　例	说　明
手动小鹤管	 1—导轮；2—横梁；3—滑轮组；4—钢丝绳； 5—升降管；6—钢丝绳；7—半径管	手动小鹤管的使用是通过钢丝绳和导轮使半径管前后移动，横梁可带动鹤管左右回转。鹤管与油罐车口对位后，操纵钢丝绳通过滑轮组使套筒式升降管上下移动。其优点是使用方便，但工人的操纵条件差，密封不严
气动鹤管	 1—气缸；2—气缸；3—伸缩管；4—升降管	气动鹤管伸缩管的运动是靠气缸 1 来推动的，气缸 2 来带动鹤管的左右旋转，升降管本身是套筒气缸结构。存在的主要问题是不严密和动作不够灵活，其优点是改善了工人的操作条件，便于实现发油自动化
电动大鹤管	 1—密封装置；2—电动小车；3—电机； 4—齿轮箱；5—小齿轮；6—升降管	电动大鹤管的使用是通过电机和齿轮箱带动小齿轮转动，小齿轮与带有齿条的升降管啮合，并使升降管上下移动。鹤管的左右回转是通过电动小车驱动来实现的。其特点是大流量、发油速度快，能较好地改善装车人员的操纵条件，为实现装车自动化创造了良好的条件，但密封结构较差

续表

鹤管名称	图　例	说　明
码头装油鹤管	 1—滑轮；2—重锤；3—滑轮； 4—钢丝绳；5—升降管	码头鹤管（输油臂）的突出特点是鹤管与油轮接口处采用液压夹紧装置，并利用重锤通过滑轮和钢丝使升降管保持在所需要的位置。这类鹤管是手动操纵和液压传动两种。根据使用要求分为移动式和固定式两种，固定式鹤管安装在栈桥上，移动式鹤管是用汽车拖动。其最大优点是工人操作条件好，使用方便，密封性能好
气动重锤鹤管	 1—吸入管；2—重锤；3—气缸；4—气缸	气动重锤鹤管是通过气缸推动重锤上下移动带动吸油管自由地插入或拔出，鹤管的水平旋转是靠气缸推动。其优点是改善了操作条件，吸油管是用玻璃钢制成的，较为轻便。缺点是只能气动操纵而不能手动，活动范围小，不便与油罐车口对位，旋转角度小于180°，只能单面作业
万向重锤鹤管	 1—半径管；2—吸入管；3—旋转接头；4—重锤	万向重锤鹤管增加了一根半径管，扩大了鹤管的活动范围，使鹤管与油罐车口对位较为方便。其优点是使用方便，改善操作条件。缺点是鹤管的刚性较差

鹤管名称	图　例	说　明
气动摆动鹤管	 1—伸缩管；2—气缸； 3—多级气缸；4—吸油管	气动摆动鹤管的特点是，伸缩管通过气缸来带动，吸油管的运动是靠多级气缸来实现。其优点是改善操作条件，不足的地方是手动较为困难，气缸的结构尺寸较大
手动摇动鹤管	 1—半径管；2—吸油管； 3—横管；4—转动接头	手动摇动鹤管的特点是将半径管安装在吸油管的上部，作业时只需一人站在油罐车上就能将吸油管从油罐车中拔出或插入，并带动横管围绕转动接头上下摆动
小绞车摆动鹤管	 1—吸油管；2—滑轮；3—钢丝绳； 4—小绞车；5—转动接头；6—横管	小绞车摆动鹤管的最大特点是通过手摇小绞车和钢丝绳、滑轮带动吸油管上下移动，同时带动横管围绕转动接头上下摆动，其缺点是结构复杂，密封性差

鹤管名称	图　　例	说　　明
软管重锤鹤管	 1—吸油胶管；2—转动接头；3—重锤	软管重锤鹤管的特点是吸油管采用软管，操纵灵活，可使鹤管最高点保持在最低标高，吸程小。其缺点是软管质量较差
套筒万向鹤管	 1—伸缩管；2—手轮螺母；3—螺杆	套筒万向鹤管是将万向式鹤管中的半径管改装为伸缩管。伸缩管的前后运动通过螺杆和手轮螺母来实现。其缺点加工复杂，密封性差
手动万向重锤鹤管	 1—滑轮；2—钢丝绳；3—重锤； 4—滑轮；5—半径管；6—斜支撑； 7—吸油管；8—转动接头	手动万向重锤鹤管的特点是手动操作，可利用重锤通过滑轮、钢丝绳使吸油管保持在一定位置，斜支撑加强了鹤管的刚度，运转平稳。半径管扩大了鹤管的活动半径，与油罐车口对位较为方便，由于增设转动接头，方便了插入或拔出

鹤管名称	图　例	说　明
气动万向重锤鹤管	1—吸油管；2—滑轮；3—钢丝绳； 4—气(液)动机构；5—转动接头；6—重锤	气动万向重锤鹤管的结构型式和手动万向重锤鹤管的结构基本一样。用气动(或液压)传动机构来代替滑轮和钢丝绳，这种传动方法可使结构紧凑，换向方便，加工简单，便于安装维修和实现手动操纵
气动鹤管	1—气缸；2—软管； 3—延伸滚轮；4—活动臂	当需要鹤管提起时，气缸内通入压缩空气，气缸里的活塞在压缩空气的推动下移动，与活塞杆铰接的活动臂围绕着旋转轴转动，使鹤管升起。装卸油时，放走气缸里的压缩空气，软管在自身重力的作用下垂入油罐车。鹤管前后位置用延伸滚轮在活动臂上滚动来调节。其特点是操作方便，劳动强度小，适用于收发频繁而且收发量大的原油库或炼厂油库
自重力矩平衡鹤管	1—吸油管；2—半径管；3—可移动配重； 4—加长管；A，B，C—转动接头	操作时，位移配重可使鹤管上下移动，通过三个回转器 A、B、C 配合转动，可使垂直吸油管自如地进出油罐车，并能旋转360°。其特点是操作轻便灵活，利用位移配重鹤管能任意调整位置；一名操作人员可单独操作；密封结构合理，密封材料采用聚四氟乙烯，并在密封圈内填加 V 形弹簧，具有能自动补偿、防锈蚀、密封可靠、使用寿命长、结构简单、安全可靠，回转器采用标准轴承，规格统一，旋转灵活，便于制造

鹤管名称	图　　例	说　　明
自重力矩式鹤管	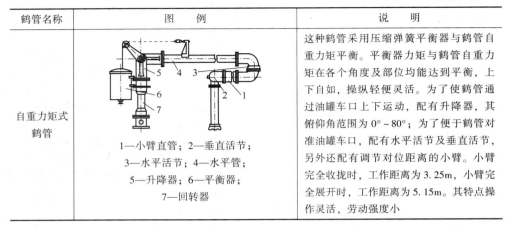 1—小臂直管；2—垂直活节； 3—水平活节；4—水平管； 5—升降器；6—平衡器； 7—回转器	这种鹤管采用压缩弹簧平衡器与鹤管自重力矩平衡。平衡器力矩与鹤管自重力矩在各个角度及部位均能达到平衡，上下自如，操纵轻便灵活。为了使鹤管通过油罐车口上下运动，配有升降器，其俯仰角范围为 0°～80°；为了便于鹤管对准油罐车口，配有水平活节及垂直活节，另外还配有调节对位距离的小臂。小臂完全收拢时，工作距离为 3.25m，小臂完全展开时，工作距离为 5.15m。其特点操作灵活，劳动强度小

（二）转动接头分析

转动接头是鹤管的关键部件，鹤管在使用中出现的诸多问题，其主要原因是转动接头和密封结构不够理想。

1. 国内外鹤管转动接头比较

国外制造的转动接头使用性能都较好，其原因是采用端面密封，磨损后有自动补偿能力；采用铸钢或铝合金材料制造，并进行必要的技术处理，保证了足够的强度和耐磨性；转动接头多为散装滚珠式结构，体积小，转动灵活，密封性能好，维修方便，使用寿命长。

国内鹤管转动接头存在的主要问题及原因：

（1）对于设计和制造中存在的问题分析研究不够，尤其是对密封结构没有进行反复实验。

（2）材质选择不合理，又没有进行必要的技术处理(尤其是对铝制品)，强度和耐磨性没有保证。

（3）对主要零件没有提出必要的技术要求，影响了制造精度和产品质量。

（4）配合精度选择不合理，造成转动部位过紧或过松。

（5）密封结构不合理。

2. 转动接头密封圈

解决转动接头存在的关键问题是密封圈。鹤管密封圈普遍采用耐油橡胶制造的 O 形或 V 形密封圈，或者采用填料密封。

填料密封必须经常进行维护和加注润滑油，否则，填料干燥就会发生渗漏，在使用时必须经常调整压盖的压紧力，压紧力大使鹤管旋转困难，压紧力小会发生渗漏，因此这种密封结构不适于手动旋转密封。

O 形密封圈主要是靠密封圈本身的过盈量来达到密封效果的。刚开始使用时，由于密封圈具有较大过盈量，其密封效果较好，但增加了密封圈与轴或套之间的摩擦力，使鹤管转动不够灵活。使用一段时间后，密封圈逐渐被磨损，过盈量减少，甚至出现间隙，在这种情况下 O 形密封圈本身又无自动补偿被磨损部分，就逐渐失去了密封性能。

V 形密封圈（数个环组成一组）的密封效果不好，其主要原因是这种密封结构主要用于高压密封，它不是靠密封圈本身的过盈量，而是靠较高的压力（或通过压紧力）将密封圈张开，同时密封圈与轮或套之间产生较大的摩擦力。因此，这种密封结构不适用于低压或手动操纵的密封。

密封圈的材料大部分都采用普通耐油胶料，这种胶料的耐老化、耐磨性、耐低温性都适宜于转动接头的使用条件。特别是在北方冬季使用时，气温低，密封圈就会产生收缩，变硬和失去弹性，甚至在高寒地区胶料会变脆，根本无法使用。另外，各生产厂家的密封圈性能也有差异，影响使用效果。

鉴于上述种种原因，对新的转动接头进行了改进，其结构由滚珠轴承式改为散装滚珠式，将径向密封改为端面，密封材料采用耐磨、耐寒、耐油的聚四氯乙烯或聚氨酯橡胶（图 1-23），主体铝合金铸件进行了技术处理，基本解决了转动接头的密封问题。

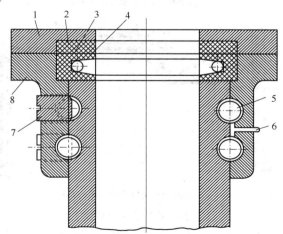

图 1-23　转动接头结构示意图

1—盖板；2—橡胶密封圈；3—聚四氟乙烯密封圈；4—弹簧圈；

5—滚珠；6—注油嘴；7—装卸孔螺钉；8—转动接头体

（三）常用装卸油鹤管

1. 上部装卸油鹤管

（1）弹簧力矩平衡鹤管。弹簧力矩平衡鹤管由立柱、平衡器、回转器、内外臂及其锁紧装置、垂直管（铝管制）等组成，见图1-24。它采用压缩弹簧平衡器与鹤管自重力矩平衡。平衡器力矩与鹤管自重力矩在各个角度及部位均能达到平衡，故能上下自如，操纵轻便灵活。这种鹤管配有回转器，能水平旋转360°或180°，俯仰角范围为0°~80°，工作距离为3.3~4.4m（或3.3~5.6m）。其特点是对位准确，转动力矩小，操作方便，减轻了劳动强度，可以避免与油罐车碰撞时产生火花。

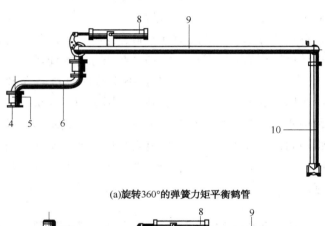

(a)旋转360°的弹簧力矩平衡鹤管

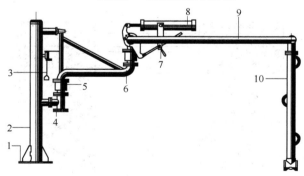

(b)旋转180°的弹簧力矩平衡鹤管

图1-24　弹簧力矩平衡鹤管

1—安装底板；2—立柱；3—内臂锁紧机构；4—法兰接口；5—回转器；
6—内臂；7—外臂锁紧装置；8—平衡器；9—外臂；10—垂直管

（2）铁路油罐车密闭装油鹤管。铁路油罐车密闭装油鹤管由立柱、外臂、内臂组合、垂直管、回转器、内臂锁紧机构、气相管、气缸、密封盖等组成，见图

1-25。这种鹤管的最大优点是能够实现油气回收，节约能源，减少环境污染，有利于作业人员的健康，是未来发展的方向。但油气回收装置投资较大，对发油量在 $20×10^4t/a$ 以上油库，效益较为显著。

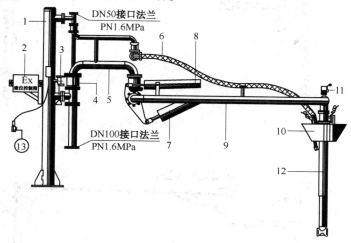

图 1-25　铁路油罐车密闭装油鹤管

1—立柱；2—液位控制箱；3—内臂锁紧机构；4—回转器；5—内臂组合；6—气相管；
7—气缸；8—平衡器；9—外臂；10—密封盖；11—滑管卷扬机构；12—垂直管；13—带内螺纹气源总阀

（3）铁路油罐车防溢装油鹤管。铁路油罐车防溢装油鹤管组成与弹簧力矩平衡鹤管基本相同，所不同的是增加了液位探头、液位控制箱、防误操作探头、气缸或液压缸等。它分为一级防溢和二级防溢两种，其最大特点是可防止误操作和油罐车冒油，见图 1-26。

（4）气动潜油泵油罐车卸油鹤管。气动潜油泵油罐车卸油鹤管由压缩空气接头、气动三联体、气压管、回转、气动潜油泵等组成，见图 1-27。其最大特点是较好地解决了夏季卸油难的问题，相对于液动潜油泵安全性较差。

（5）液动潜油泵油罐车卸油鹤管。液动潜油泵油罐车卸油鹤管由立柱、液压控制阀、高压软管、液压站、回转器、液压软管、液动潜油泵等组成，见图 1-28。其最大特点是较好地解决夏季卸油易产生气阻的问题，相对于气动潜油泵安全性较好。

YQY 型是一种液动卸槽潜油泵，YQYB 为其改进型，具有扫舱及装卸两用功能。YQY、YQYB 型泵的设计制造符合美国石油协会 API610—2010《石油石化及天然气工业用离心泵》、GB/T 3125—2007《石油、重化学和天然气工业用离心泵》。产品性能见表 1-10，安装见图 1-29 及产品样本。

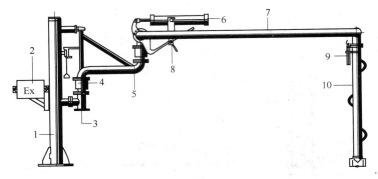

(a)一级防溢液位报警鹤管

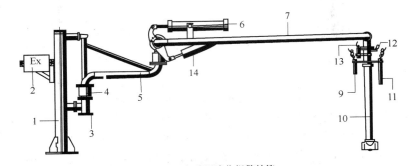

(b)二级防溢液位报警鹤管

图 1-26　铁路油罐车防溢装油鹤管

1—立柱；2—液位控制箱；3—法兰接口；4—回转器；5—内臂；6—平衡器；7—外臂；8—外臂锁紧机构；
9—高位液位探头；10—垂直管；11—低位液位探头；12—操纵阀；13—防误操作探头；14—气缸或液压缸

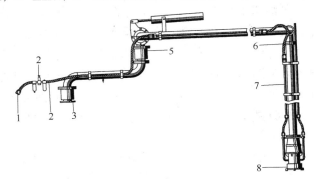

图 1-27　气动潜油泵油罐车卸油鹤管

1—压缩空气接头；2—气动三联体；3—气压软管；4—鹤管法兰接口；
5—回转器；6—气压软管；7—气压硬管；8—气动潜油泵

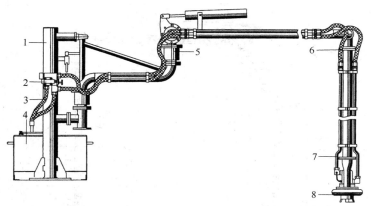

图 1-28 液动潜油泵油罐车卸油鹤管
1—立柱；2—液压控制阀；3—高压软管；4—液压站；
5—回转器；6—液压软管；7—液压硬管；8—液动潜油泵

表 1-10 YQY、YQYB 型液动卸槽潜油泵性能参数表

泵型号	流量 Q（m^3/h）	扬程 H（m）	转速 n（r/min）	泵口径（mm）	质量（单泵）（kg）	功率（kW）
YQY50.6	50	6	1650	90	17	3
YQYB50.6						
YQY60.10	60	10	1800	90	17	5.5
YQYB60.10						
YQY60.25	60	25	2300	90	18	11
YQYB60.25						
YQY60.40	60	40	2850	90	18	18.5
YQYB60.40						
YQY50.60	50	60	2850	90	19	22
YQYB50.60						
YQY100.10	100	10	1800	100	19	7.5
YQYB100.10						
YQY200.10	200	10	2000	150	20	15
YQYB200.10						

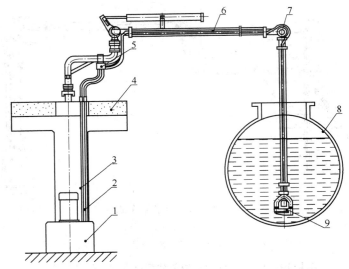

图 1-29　YQY、YQYB 型液动卸槽潜油泵系统示意图

1—液压站；2—压油管；3—回油管；4—栈桥；5—操纵元件；6—鹤管；7—胶管；8—槽车；9—潜油泵

2. 下部卸油鹤管（卸油臂）

（1）卸油臂。卸油臂由接口法兰、回转器、内外臂、支承弹簧、快速接头等组成，见图 1-30。它是一种用于下部卸油的设备，与上部装卸油鹤管的作用相同。一端带旋转器与集油管连接；一端带快速接头与油罐车下卸油器的侧放油阀连接。这种卸油臂的最大工作长度为 3.4m，能适应不同类型油罐车编组的需要。

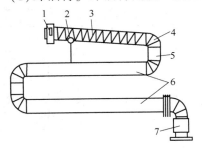

图 1-30　老式底部卸油臂

1—卡口快速接头；2—托架；3—耐油胶管；
4—胶管接头；5，7—回转接头；6—钢管

（2）铁路油罐车下部卸油鹤管。铁路油罐车下部卸油鹤管由法兰接口、回转器、内臂、平衡器、外臂、支承弹簧、快速接头等组成（图 1-31）。最大工作长度

3.4m，能适应不同类型油罐车编组的需要。

（四）装卸油鹤管的维护检修

1. 检查维护

（1）日常检查：

① 检查鹤管外表有无明显碰撞变形、破损等情况。

② 检查平衡器(配重)有无大损坏。

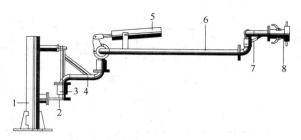

(a)旋转180°弹簧力矩平衡底部卸油鹤管

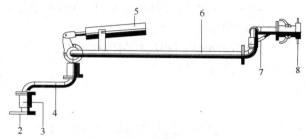

(b)旋转360°弹簧力矩平衡底部卸油鹤管

图 1-31　铁路油罐车下部卸油鹤管（卸油臂）

1—立柱；2—法兰接口；3—回转器；4—内臂；5—平衡器；6—外臂；7—支承弹簧；8—快速接头

③ 检查法兰、回转器、放气阀有无渗漏。

（2）月检查：

① 日常检查内容。

② 检查螺栓紧固情况。

③ 检查回转器的轻旋、密封情况。

④ 检查平衡器有无损坏。

（3）常见故障与处理见表 1-11。

表 1-11　装卸油鹤管检查维护常见故障与处理

故　障	原　因	处 理 方 法
管线漏油	管线碰撞后损坏	拆卸焊接
万向节渗油	万向节螺栓松	紧固
	万向节内密封环	维修
万向节不灵活	万向节轴承环	更换
	万向节压簧断	更换
	万向节密封件磨损严重	更换

续表

故　　障	原　　因	处 理 方 法
鹤管过轻过重	平衡器弹簧松动	调整
法兰渗漏	螺栓松动、垫片损坏	紧固
	垫片损坏	更换
放气阀渗漏	放气阀损坏	更换

2. 检修周期与项目

（1）小修周期和项目。小修周期一般运行 3000～3500h 进行。

① 检查各部件螺栓紧固情况。

② 检查各密封泄漏情况，必要时更换填料或修理密封。

③ 检查平衡器，必要时维修。

④ 更换法兰垫片。

⑤ 万向节加机油。

（2）大修周期和项目。大修一般运行 8000～10000h 进行。

① 包括小修项目。

② 更换万向节中的密封。

③ 检查万向节中的轴承，必要时更换。

3. 检修技术规定

（1）检修前准备：

① 掌握运行情况，备齐必要的图纸资料。

② 备齐检修工具、量具、配件及材料。

③ 切断管路与鹤管的连接。

（2）拆卸与检查：

① 拆卸垂直管，检查第一个万向节。

② 拆卸平衡器，检查平衡器性能。

③ 拆卸回转器，检查密封与轴承。

4. 检修质量标准

（1）管线：

① 管线表面不得有伤痕，法兰焊接处无砂眼，无焊瘤。

② 管线上无明显的裂纹。

③ 管线法兰无明显的缺陷。

（2）万向节：

① 密封不渗漏。

② 转动灵活

③ 内部机构无锈蚀。

（3）平衡器：

① 平衡器应力适当。

② 主要构件坚固，无安全隐患。

5. 试运转和验收

（1）准备工作：

① 检查检修记录，确认符合质量要求。

② 检查法兰连接处螺栓紧固、平衡

（2）试运转：

① 无收发油情况下转动各万向节灵活。

② 收发作业试运行符合下列要求：

a. 各密封不渗漏；

b. 法兰连接处、放气阀严密；

c. 万向节转动灵活；

d. 平衡器平衡力适当，鹤管轻。

（3）验收：

① 检修质量符合规定，检修、试运转和零部件更换记录齐全、准确。

② 试运行良好，各项技术指标达到技术要求或满足运行需要。

③ 设备状况达到标准规定。

④ 试车 4h 合格，按规定办理验收手续，移交投入运行。

6. 潜油泵的维护检修

（1）检查维护：

① 日常检查：

a. 作业时应检查泵的出口压力，液压或气体驱动系统的压力。

b. 泵及动力系统有不正常响声，应停泵检查。

c. 检查动力系统各接头，液压(气体)绕性管有无渗漏。

d. 检查液压(气体)箱内有无串油现象。

② 月检查：

a. 日常检查的内容。

b. 检查液压站或气体压缩机电机的轴温度。

c. 检查液压(气体)管路附件、挠性管、溢流阀、换向阀、压力表是否完好。

d. 检查潜油泵叶轮与泵体间隙是否合适。

e. 检查潜油泵液压站用油及液气滤清器。

③ 潜油泵常见故障与处理见表1-12。

表1-12　潜油泵常见故障与处理

故　　障	原　　因	处 理 方 法
潜油泵不出油	装置扬程太高	降低装置扬程
	压油管、溢流阀等液压(气动)元件泄漏，工作油压下降	堵漏或换新
	泵内进入杂物卡死	拆除取出杂物
潜油泵出油量少	装置扬程太高	降低装置扬程，或选用扬程较高的卸油泵
	泵流道堵塞，泵叶轮转向相向	消除堵塞物，改变液压油(气体)流向
	液压元件泄漏，工作油压下降	堵漏或更换元件
	滤油器堵塞	清洗或更换
	潜油泵密封泄漏	更换密封

（2）检修周期与项目：

① 小修周期和项目。小修一般运行2000~2500h进行。小修项目如下：

a. 检查轴封泄漏情况，调整压盖与叶轮间隙，更换填料或修理机械密封。

b. 检查潜油泵和液压站(气体驱动站)的轴泵。

c. 拆下检查管路、挠性管、溢流阀、换向阀、压力表等配件，必要时更换。

d. 检查液压站联轴器胶垫是否破坏，过滤网、滤清器是否完好，必要时更换。

e. 检查各部件螺栓紧固情况。

② 大修周期和项目。大修一般运行8000~10000h进行。大修项目如下：

a. 包括小修项目内容。

b. 解体液压站、液压马达、滑片泵，检查滑片的磨损情况(气体驱动解体相应的装置)。

c. 解体泵更换机械密封及配件。

d. 解体清洗溢流阀、换向阀。

e. 更换过滤网、滤清器。

f. 校验液压气动系统压力。

（3）检修技术规定：

① 检修前准备：

a. 备齐检修工具、量具、配件及材料。

b. 切断电源与系统的联系，放空液压管路内的油(气体管路内的气)。

② 拆卸与检查：

a. 拆卸液压(气动)马达与管路连接，进一步排油、排气。

b. 拆卸泵体连接法兰，解体泵，检查泵磨损、机械密封等情况。

c. 由液压马达，依次拆卸液压气体管路及附件，检查管路是否堵塞，附件是否完好。

d. 拆卸液压站电动机，清空油箱内油，解体液压站的滑片泵，进行全面检查。

（4）检查质量标准：

① 潜油泵。潜油泵实际上是一台小型单级离心泵，其检修质量标准参阅油库技术与管理系列丛书《油泵站及泵机组运行与维护》一书中第四章油库常用泵的维护与检修"第一节　离心泵"中有关检修质量的要求的内容。

② 叶片泵。潜油泵系统中有两台叶片泵，一台是液压站中的液压马达(叶片泵)，一台是与潜油泵连接的叶片泵。其检修质量标准参阅油库技术与管理系列丛书《油泵站及泵机组运行与维修》一书中第四章油库常用泵的维护与检修"第二节　水环式真空泵"中有关检修质量的要求的内容。

③ 管路及附件：

a. 管路必须畅通，无任何堵塞。

b. 附件性能必须完好。

c. 管路无渗漏。

d. 管路固定牢靠。

（5）试运行和验收：

① 准备工作：

a. 检查检修记录，确认符合质量要求。

b. 加入液压油，接通电源。

c. 打开溢流阀，小循环检查管路是否不堵，不漏。

d. 检查电动机旋转方向。

② 试运行：

a. 潜油泵不允许空负荷试车。

b. 负荷试车时，泵运行平稳，无杂音；振动幅度应小于 1.12mm/s；管路系统无堵、无漏；流量、压力平稳；电机电流不超额定值；安全回流和换向功能良好。

③ 验收：

a. 检查质量符合规定，检修、运转、溢流阀定压和零部件更换记录齐全准确。

b. 试运行良好，各项技术指标达到技术要求或满足生产需要。

c. 设备状况达到标准规定。

d. 试车合格后，按规定办理验收手续移交投入运行。

第五节　铁路装卸油能力与工艺流程

一、铁路装卸油能力的确定

（一）装卸车限制流速

GB 50074—2014《石油库设计规范》中要求鹤管内的油品流速，不应大于4.5m/s，要求满足下式：

$$vD \leqslant 0.8$$

式中　D——管内径，mm；

v——控制流速，m/s。

表1-13的数据可供参考。

表1-13　装车、卸车限制流速

鹤管直径（mm）	控制流速v（m/s）	鹤管直径（mm）	控制流速v（m/s）
80	≤3.1	150	≤2.3
100	≤2.8		

（二）一次到库油罐车数

一次到库油罐车数参考数据见表1-14。

表1-14　一次到库油罐车节数参考表

项　　目	一次到库油罐车节数	
	轻　油	黏　油
大、中型油库	20~40	5~10
小型油库	10~15	3~5

注：（1）一次到库油罐车数量应根据上级指示（或任务书）而定，如上级或任务书中无具体规定时，可参考本表。

（2）一次来车的最大数量是由油库铁路专用线的技术情况，铁路运输的实际情况及火车机车的牵引能力确定。

（三）同时装卸罐车数及装卸时间与流量

同时装卸罐车数及装卸时间与流量，见表1-15。

表 1-15　同时装卸罐车数及装卸时间、流量表

油库容量（m³）	同时进行作业的罐车数		铁路装卸流量（m³/h）		装卸车时间（h）	
	轻油	黏油	轻油	黏油	一般情况	日到车数超过一列火车时
1500 以下	1	1	120~280	30~50	4~8（每日装卸 1 次）	8~16（每日装卸 1~2 次）
1500~6000	2~4	1				
6000~30000	5~8	2				
30000 以上	油罐车的冷却数或一半的罐车数					

（四）铁路油罐车最大装油量

铁路油罐车最大装油量，见表 1-16。

表 1-16　铁路油罐车最大装油量参考表　　（单位：t）

油品	30 吨车（500 型）	50 吨车				
		4 型	600 型	601 型	604 型	605 型
车用汽油	22	37	39	38	38	39
喷气燃料	23	39	41	40	40	41
轻柴油	25	42	44	42	43	44

注：此表系未考虑温差情况下的最大装油量，仅供估计参考。

二、铁路油品装卸工艺流程

（一）铁路油品装卸常规工艺设计

铁路油品装卸常规工艺设计，见图 1-32。

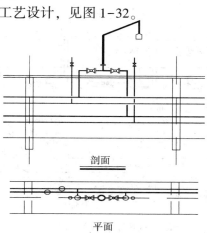

剖面

平面

图 1-32　铁路油品装卸常规工艺设计

（二）铁路油品潜油泵卸油工艺设计

铁路油品潜油泵卸油工艺设计，见图1-33。

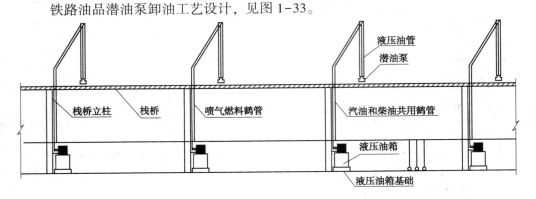

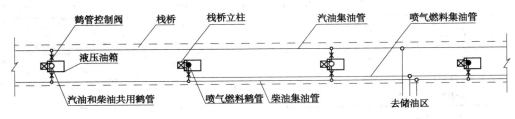

图1-33　铁路油品潜油泵卸油工艺设计

（三）栈桥下安装油泵的工艺设计

栈桥下安装油泵的工艺设计，见图1-34。

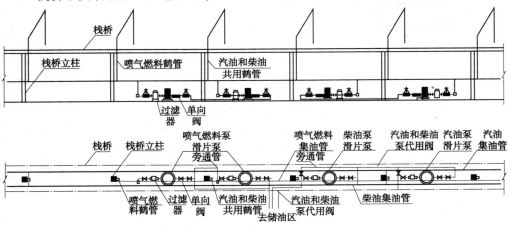

图1-34　栈桥下安装油泵的工艺设计

第六节　铁路油罐车装卸油作业程序和要求

一、铁路油罐车装轻油作业程序和要求

（一）准备阶段

（1）下达作业任务。接到上级下达的每月发油计划后，业务部门拟定发油方案，经库领导批准后，通报有关部门，做好发油准备工作。

（2）运输管理人员根据铁路运输计划，按规定办理请车手续。

（3）化验人员检查发出油罐和放空罐内的水分杂质情况，协同保管人员及时排放罐内水分杂质。

（4）为防止途中因温度变化而发生溢油事故，统计、计量人员根据铁路运输计划中的目的站，检查油罐车运输沿途的气温情况，按照沿途可能的最高气温，确定本次油罐车装油的安全高度 $h_安$。其计算方法是：

① 发站以发油罐中的油温为准。

② 查出到站和所经地区的最高温度，参考表 1-17。

③ 途经最高温度减去油罐中油品温度得温差值。

④ 根据温差值，按车型从表 1-18 中查得油品相应的装载高度 $h_载$。

⑤ $h_安 = h_载 - (h_载 \times$ 油品膨胀系数)。

表 1-17　全国各地区铁路油罐车运输途中最高油品温度

地 区 范 围	最高油品温度		
	冬春(12~2 月)	春夏(3~5 月)	夏秋(6~11 月)
东北地区(山海关以北)	2	28	33
长江以北地区(包括成都及其以北地区)	17	34	39
长江以南(包括武汉和成都以南地区)	24	24	39

表 1-18　铁路油罐车按温差装载高度

高度(cm) ＼ 车型　　　　温差(℃)	500 型	4 型	601 型	600 型	604 型	605 型
1	261	296	298	296	296	252
2	258	293	296	294	293	251
3	255	289	295	289	289	251

续表

高度(cm) 温差(℃)	500 型	4 型	601 型	600 型	604 型	605 型
4	251	285	294	285	285	250
5	248	282	291	283	281	249
6	245	278	289	277	277	248
7	242	274	287	273	273	248
8	239	271	285	269	270	247
9	235	267	283	265	266	247
10	233	263	282	261	262	246
11	230	259	280	258	259	246
12	227	257	278	257	256	245
13	223	255	276	256	255	244
14	220	255	274	255	254	244
15	217	254	272	254	253	243
16	214	252	271	253	252	243
17	211	252	269	252	251	242
18	201	251	267	251	251	242
19	204	250	265	250	250	241
20	202	250	263	250	249	241
21	201	249	261	249	248	240
22	201	249	259	248	248	240
23	201	248	257	248	247	239
24	200	247	256	247	247	238
25	199	247	255	246	246	238
26	198	246	254	246	245	237
27	198	245	254	245	245	237
28	198	245	253	245	244	236
29	197	244	252	245	243	236
30	196	243	252	244	243	235

注：编制此表的主要依据是油品的膨胀系数，即汽油为 1.3‰、煤油为 0.8‰~1‰、柴油为 0.8‰。为了简化灌装高度的计算，可采用汽油膨胀系数计算。

⑥ 举例。12 月某油库油罐内油品温度为 -4℃，将汽油到云南昆明，用 600 型和 605 型装载，求装载高度是多少？

解：发站油温为 -4℃；云南在长江以南，12 月为冬春季节，查表 1-17 中查得最高温度为 24℃；油温差值 = 24-(-4) = 28℃

按温差查表 1-18 得装载高度为：600 型 245cm、605 型 236cm。

600 型车的装油高度：$h_安 = h_载 - (h_载 × 油品膨胀系数)$

$$= 245 - (245×1.3‰) = 244.7cm$$

605 型车的装油高度：$236 - (236×1.3‰) = 235.7cm$

如果发车站油品温度高，途经地区最高温度低时，装载高度可按油罐车全容量装载。

（5）接到车站送空油罐车通知后，确定现场指挥员，办理"油品输送作业证"。

（6）接车。消防员或运输人员按照机车入库要求，检查、监督机车入库送车。运输管理人员指挥调车人员将油罐车调到指定货位，清点车数、登记车号。化验人员逐辆车检查油罐车内部清洁情况（特别是喷气燃料油），并填写检查登记，若不合格，作好记录，报告业务部门按有关规定处理。

（二）实施阶段

装油实施阶段按照下列程序和要求进行。

1. 装油

（1）自流装油。准备工作就绪经检查无误后，由现场指挥员下达装油命令。栈桥上作业人员打开鹤管阀门，司泵人员启动油泵，先将放空罐内同品种、同牌号油品泵送到油罐车内后断电停泵。油罐区人员打开发油罐进出油阀门，自流发油。

（2）油泵发油。司泵人员按照操作规程，启动油泵。栈桥上作业人员打开鹤管阀门，泵送发油。栈桥上作业人员应监察并报告发油罐来油进入油罐车的起始时间，现场值班员进行核对，了解中途是否发生跑油或故障。

2. 装油中的检查及情况处理

（1）专人巡查管线、阀门、油罐等设备有无异常现象，发现问题，立即报告，及时处理，必要时停泵关阀进行检查。

（2）专人监察油罐车油面上升情况，如发现油面不上升或有异常现象时，立即报告，及时处理。

（3）油罐车转换操作。当油罐车油品接近装至安全高度时，应打开下一辆油罐车的鹤管阀门，达到安全高度时，关闭鹤管阀门。

（4）发油罐转换操作。当发油罐接近发空时，打开下一发油罐进出油阀门（洞库发油时必须打开呼吸阀装置的旁通阀），发空时立即关闭发油罐进出油阀门。

3. 停发及放空管线

（1）当最后一辆油罐车油品即将装至安全高度时，现场指挥员向各岗位发出准备停发油品命令，当装至安全高度时，栈桥作业人员立即关闭鹤管阀门。如使用油泵发油，司泵人员立即停泵。现场指挥员随即通知罐区人员关闭发油罐进出油阀门。

（2）放空管线。按照吸入管线、输油管线、泵房管组的顺序，依次进行放空。放空时，现场指挥员通知罐区保管工打开输油管线放空阀。司泵工应当密切注意放空罐的油面上升情况，防止溢油。放空完毕，由现场指挥员通知各岗位作业人员关闭所有阀门并上锁。

4. 办理发油证件

（1）化验人员逐个检查油罐车油品外观和底部水分杂质情况，按规定采取油样留存备查；每个货运号、每批油品应当随油出具一份化验单，化验单上应当注明货运号、车号。

（2）计量人员测量每个油罐车以及发油罐、放空罐的油高、油温，填写《量油原始记录》，计算核对发油数量。

（3）栈桥作业人员收回鹤管，盖上油罐车盖板并拧紧螺栓，协助运输管理人员铅封油罐车。

（4）现场指挥员核对运输、统计、化验和保管4个方面报告的完成情况，发现问题及时处理。

（5）运输人员将业务部门开出的发油凭证、化验室出具的化验单，送交车站并通知挂车。

（三）收尾阶段

（1）在满装油罐车未调出库之前，油库应当指派专人警戒看守，防止油罐车溜车或其他事故发生。

（2）待到规定的静置时间后，计量工测量接收油罐和放空罐油高、水高、油温、密度，核算收油数量。

（3）作业人员填写本岗位各种作业和设备运行记录。现场值班员填写"油品输送作业证"，经现场指挥员签字后，交业务部门留存。

（4）各岗位作业人员负责清理本岗位作业现场，整理归放工具，撤收消防器材，擦拭保养各种设备，清扫现场，切断电源，并锁门窗。

（5）运输人员通知车站调走空油罐车。

（6）现场指挥员进行作业讲评，并向库领导报告作业完成情况。

（7）消防员按机车入库要求，监督机车入库挂车。如是专列卸车，业务部门应当在24h内上报空车挂出情况。接卸喷气燃料专列的油罐车应逐车进行铅封。

二、铁路油罐车卸轻油作业程序和要求

（一）准备阶段

卸油准备阶段按照下列程序和要求进行。

（1）根据每月收油计划后，业务部门拟定收油方案，经库领导批准后，通报有关部门，做好收油准备工作。

（2）接到车站送油罐车通知后，库领导应当召集有关部门人员，确定作业方案，明确交代任务，严密组织分工，提出注意事项，指定现场指挥员（连续接收5个以上铁路油罐车，库领导应到达收发现场）。业务部门根据确定的作业方案，填写"油品输送作业证"，由库领导签发，送交现场指挥员组织实施作业。作业全过程实行现场指挥员负责制。

（3）接车。消防员或运输人员按照机车入库要求，负责检查、监督机车入库送车；运输人员指挥调车人员将油罐车调到指定货位，索取证件，检查铅封，核对化验单、货运号、车号、车数。如发现铅封损坏，油品被盗，油库应当立即与接轨车站作好商务记录，并会同运输部门照章处理。

（4）化验、测量。化验、测量工作必须在规定的静置时间后进行。化验工按有关规定，逐车检查油品外观、水分杂质情况，取样进行接收化验；计量员逐车测量油高、油温，填写《量油原始记录》，计算核对来油数量。以上检查、化验结果应当在规定时间内报告现场指挥员。如发现油品数量、质量问题，油库应当查明原因，及时处理和上报。

（5）作业动员。现场指挥员进行作业动员（内容包括清点人数、编组分工、下达任务、明确流程、提出安全要求等），指定现场值班员负责本次作业的具体调度、协调工作。作业动员后，作业人员应当立即到达指定岗位，做好作业前各项准备和检查工作。

（6）作业前准备和检查。所有作业人员到位，且按规定着装；罐区作业人员根据接收方案，测量接收油罐和放空罐内的存油数量，并作好记录，检查接收油

罐的呼吸管路（洞库油罐应打开旁通阀），检查流程，打开相应阀门；栈桥作业人员将鹤管插入罐车底部，用石棉被围盖罐口，接好静电跨接线，若为接收润滑油（含锅炉燃料油），则应接好卸油胶管或下部卸油鹤管，需要加温时还应接好加温管线和回水管线；和电工检查电气设备，司泵工检查油泵，按规定流程开关有关阀门（泵排出阀门仍关闭，启动油泵达到一定压力后再打开）；消防员准备好消防器材。启用新管、新罐或经修理后的管、罐前，应检查是否经过质量验收，不用的管道、阀门和支管管口是否已用盲板堵死。

（7）上述检查完成后，由各作业小组负责人向现场指挥员报告检查结果。然后，现场指挥员应有重点地进行复核，必须亲自复核本次接收油罐编号与作业方案是否一致，输油作业流程及沿途开关阀门与作业方案是否一致。

（二）实施阶段

卸油实施阶段按照下列程序和要求进行。

1. 开泵输油

准备就绪经检查无误后，由现场指挥员下达开泵卸油命令。

（1）根据设备工艺采用真空泵、滑片泵、回流等方法中的任一种方法灌泵。

（2）灌泵后，司泵工按操作规程启动油泵，油罐区人员打开接收油罐的进出油阀门。

（3）输油时，根据放空罐内储存油品的多少和工艺流程，确定是否先输放空罐内油品或输油时带走放空罐内油品。

（4）油罐区人员应当监察并报告油品进入接收油罐的起始时间，现场值班员应进行核对，了解中途是否发生跑油或发生故障。

2. 输油中检查及情况处理

（1）司泵工应当严格执行操作规程，密切注视泵、电机、仪表工作情况。

（2）应有专人巡查管线、阀门、油罐等有无异常现象，发现问题立即报告，及时处理，必要时停泵关阀进行检查；现场值班员应当随时了解油罐车、接收油罐油面变化情况，推算接收油罐进油量。

（3）油罐车转换操作。当一组油罐车油品快卸完时，适当关小鹤管阀门、同时打开下组油罐车鹤管阀门，听到前组油罐车鹤管口发出进入空气的响声时，迅速关闭鹤管阀门，全部打开下组油罐车鹤管阀门。

（4）接收油罐转换操作。当接收油罐油品装至接近安全高度时，部分打开下一座接收油罐进出油阀门，当前接收油罐装至安全高度时，迅速关闭油罐进出阀门，随即全部打开下一接收油罐进出油阀门。

（5）输油作业中遇雷雨、风暴天气，必须停止作业，并盖严油罐车罐口，关闭洞库密闭门及有关重要阀门，断开有关设备的电源。

（6）连续作业时，现场指挥员应当组织好各岗位交接班，一般不得中途暂停作业，特殊情况中途停止作业时，必须关闭接收油罐进出油阀门和油泵的进出口阀门，断开电源开关。盖好罐盖，没有胀油管的输油管线，应将输油管线内的存油向放空罐放出一部分，防止因油温变化管线及其附件受损。

（7）因故中途暂时停泵时，必须关闭有关阀门，防止液位差或虹吸作用造成跑油。

（8）现场指挥员应当随时了解情况，严密组织指挥，督促检查，严防跑、冒、混、漏油品和其他事故发生。现场指挥员因事临时离开岗位时，由现场值班员临时代替指挥作业。

3. 停输

（1）在最后一辆油罐车油品即将抽完时，现场指挥员下达准备停泵命令。司泵工接到命令后，先慢慢关小排出阀，当真空表指针归零时，迅速关闭排出阀门，立即停泵。现场指挥员通知罐区保管员关闭油罐进出油阀门。

（2）抽油罐车底油可在作业过程中分别进行或最后集中进行，真空罐内油品应及时抽（放）空。

（3）放空管线。按照吸入管线、输油管线、泵房管组的顺序，依次进行放空。放空时，现场指挥员通知罐区保管工打开输油管线放空阀。司泵工应当密切注意放空罐的油面上升情况，防止溢油。放空完毕，由现场指挥员通知各岗位作业人员关闭所有阀门并上锁。

4. 接卸油品消除气阻的措施

在炎热的夏季轻质油品卸油作业时，吸入系统中，特别是鹤管中某一点的剩余压力会小于所卸油品的饱和蒸气压，这时输送油品便会发生沸腾气化现象，在易于气体积聚的部位形成"气袋"，阻碍甚至完全阻塞油品的流动，从而使卸油作业中断。消除气阻的措施通常有以下几种方法。

（1）压力卸油法。增大油罐车液面上的压力。油罐车液面与大气连通时，该压力为大气压，如果将油罐车口密闭，往油罐车内通入压缩空气，则可提高油罐车液面上的压力。这种方法称为压力卸油。

（2）冷却降温法。所谓冷却降温就是向油罐车喷淋水降低罐内油品的温度。因为同种油品温度越低，饱和蒸气压越小，因而可通过降低油温的办法来降低饱和蒸气压值。采用这种方法需要现场水源充足，最好用水能回收再用。这种方法浪费水资源。

（3）倒序分层卸油法。所谓倒序卸油法就是反卸油常规，正常卸时，是从下层油品开始，后卸上层油品，倒序分层卸油法是从上层油品开始，后卸下层油品。其原理是根据油罐车内油品温度上高下低的分布规律，合理地利用了油罐车内油品液位与温度之间的特殊关系，采用倒序分层卸油装置实现的。首先卸油罐车上层的高温油品，而后卸油罐车下部的低温油品，从而有效地克服了老式卸油工艺中卸油后期的气阻现象。但这种方法需要特定的卸油装置。

（4）潜油泵卸油法。液动或气动潜油泵放入油罐中，其原理是使吸入系统由负压变为正压。即更新卸油设备，采用液动或气动油罐车卸油鹤管可彻底解决气阻问题。

（5）其他方法。一是自然降温法，改白天卸油为夜间卸油。这种方法虽能降温，但延误卸油时间，耽搁油罐车周转。二是减小鹤管中油品的流速，用以减小吸入系统的阻呼损失，这种方法可以通过关小泵排出阀，减小泵的流量来实现。三是减小鹤管进油口至气阻危险点管段的阻力损失，也可用减小鹤管流量来实现。因为除 $h_{损}$ 与流量有关外，还与管段的长度有关。

（三）收尾阶段

卸油收尾阶段按照下列程序和要求进行。

（1）待到规定的静置时间后，计量工测量接收油罐和放空罐油高、水高、油温、密度，核算收油数量。

（2）作业人员填写本岗位各种作业和设备运行记录。现场值班员填写"油品输送作业证"，经现场指挥员签字后，交业务部门留存。

（3）各岗位作业人员负责清理本岗位作业现场，整理归放工具，撤收消防器材，擦拭保养各种设备，清扫现场，切断电源，并锁门窗。

（4）运输人员通知车站调走空油罐车。

（5）现场指挥员进行作业讲评，并向库领导报告作业完成情况。

（6）消防员按机车入库要求，监督机车入库挂车。如是专列卸车，业务部门应当在24h内上报空车挂出情况。接卸喷气燃料专列的油罐车应逐车进行铅封。

三、铁路油罐车装润滑油作业程序和要求

铁路油罐车润滑油（含锅炉燃料油）装卸作业程序和要求与轻质油品装卸油作业程序和要求基本相同，也分准备阶段、实施阶段、收尾阶段三步，现将不同要求予以说明。

（1）润滑油（含锅炉燃料油）装卸一般情况下需要加热，特别是寒冷地区在冬天进行加热后才能装卸作业。接卸来油时，加热油罐车内油品，发出油品时加热储油罐内油品。润滑油（含锅炉燃料油）加热温度不同油品有不同要求。一般不应超过65℃。这项工作应与送车时间相配合。

（2）在严寒地区除了加热外，还设有"暖库"，送车时应把"暖库"大门打开，检查库内铁路线是否畅通。

（3）润滑油（含锅炉燃料油）装卸作业工艺流程分两部分，一是装卸油作业工艺流程，二是加热作业工艺流程。准备阶段和实施阶段应检查核对两部分工艺流程的阀门。

（4）加热实施阶段应注意检查漏气、漏水，严防水蒸气和水进入油品（润滑油中进入水或水蒸气时会发生乳化变质）。

（5）加热作业后，应排放系统中的水，特别寒区和严寒区必须予以重视，否则将会把加热工艺设备冻毁。

第二章　水路油品装卸技术与管理

我国有海岸线长达 18000km，有良好的海湾和优越的建港条件；天然河流 5000 多条，总长约 43×10^4 km。淮河和秦岭以南的河流，大多水量充沛，常年不冻，航运条件好。随着我国经济的发展，进口石油及其产品的增加，水路运输油品必将增多。

第一节　水路运输和港口工程

一、水路运输

（一）水路运输分类

水路运输按航行的区域大体上分为远洋运输、沿海运输和内河运输三种。

1. 海洋运输

海洋运输包括除沿海运输以外的所有海上运输。以船舶航程的长短分为"远洋"和"近洋"，经过一个或数个大洋的海上运输为"远洋"运输，经过沿海或太平洋(印度洋)的部分水域的海上运输为"近洋"运输。

2. 沿海运输

沿海运输是指在我国沿海各港口间的运输。

3. 内河运输

内河运输是指在江、河、湖泊的水上运输。

（二）水路运输的特点

水路运输与其他运输方式相比具有运载量大、能耗少、成本低、劳动生产率高、投资少的特点。

（1）运载量大。内河几十吨到几千吨的轮船，长江水域一艘 60000kW 的推轮，顶推能力达 $3 \times 10^4 \sim 4 \times 10^4$ t；海上运输有几万吨级的油轮，目前最大的有 $50 \times 10^4 \sim 60 \times 10^4$ t 远洋油轮。水路运输不仅运载量大，且适于长途运输。

（2）能耗少，成本低。水路运输能源消耗较少，一般情况下，能耗占运输成本的 40% 左右，能耗低则运输成本低。水运与铁路运输相比，水运成本是铁路运输成本的 70% 左右。

（3）劳动生产率高。我国水路运输比铁路运输的劳动生产率高，水路运输是铁路运输的 112%。

（4）投资少。水路运输主要利用"天然航道"，用于水上航道建设的投资比其他运输方式少得多。

二、港口工程

（一）港口工程的组成

装卸港口由水域和陆域两部分组成。水域是供轮船的进出、运转、锚泊和装卸作业使用的。陆域是供货物的装卸、堆放和运转使用的。

1. 水域

水域是港口的主要组成部分，分为港内水域和港外水域，港内水域称为港池，主要有港内航道、港内锚地、码头前沿水域和船舶调头区等，通常认为港界之内水上面积属于该港水域。港外水域主要是指进出港的航道和港外锚地，港外锚地是供进出港船舶抛锚停泊使用的。

2. 陆域

港口范围内的陆地面积统称为陆域。陆域包括码头、泊位、仓库、堆场、道路、装卸设施和辅助生产设施等。辅助生产设施主要是指给排水系统、输电、配电系统，办公、维修、生活用房、工作船基地等。

（二）港口的分类

（1）港口按用途可分为商港、渔港、工业港、军港、避风港等。

（2）港口按地理位置可分为海港、海湾海峡港、河口港、河港等。

（3）港口按在水运系统中的地位可分为国际性港和地区港等。

（三）码头及其分类

供船舶停靠的水工建筑物叫码头。码头前沿线通常即为港口的生产线，也是港口水域和陆域的交接线。码头上供船舶停泊的位置叫泊位，也叫船位。一个泊位可供一艘船停泊，而不同的船型其长度是不一样的，所以泊位的长度按船型的大小而差异。在同一条线上的两个泊位，还要留出两船之间的距离，以便船舶系、解缆绳。一座码头往往要同时停泊几艘船，即要有几个泊位，因此码头线长度是由泊位数和每个泊位的长度决定。

码头可按专业用途、货物种类、平面布置形状、断面形状、结构形式进行分类。

（1）按专业用途，可分客运、货运、渔业、石油、煤炭码头等。

（2）按货物种类，可分散装码头（液体、固体）、杂货码头、集装箱码头等。

（3）按平面布置形状，可分顺岸码头（图 2-1）、突堤码头（图 2-2）、岛式码头、栈桥式码头（图 2-3）等。顺岸码头是指与岸线平行的码头，常用于河港；与岸线正交或斜交的，称为突堤码头，常用于海港；孤立于水中的码头叫岛式码头；若用栈桥（引桥）与岸连接，称为栈桥岛式码头。突堤式码头因受水流冲击，又有碍航道，故在河港中极少采用。顺岸式码头工程量比较小，但突堤式码头则可以在有限的岸线中扩展码头线而增加泊位，故在海港中采用最多。

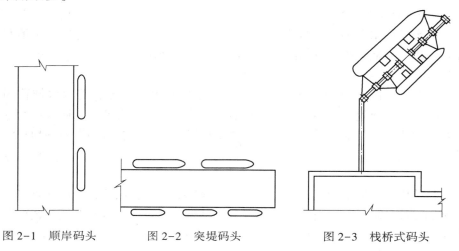

图 2-1　顺岸码头　　　图 2-2　突堤码头　　　图 2-3　栈桥式码头

（4）按码头的岸壁形式可分成直立式、斜坡式和混合式三种。混合式中又因其直立段的位置而分为半斜坡式和半直立式两种，见图 2-4。直立式码头便于直接靠船，海港码头多为此种形式，个别河港码头也有这种形式，但岸边整治工程量较大，造价高。顺岸边自然斜坡加以整治，建成斜坡式码头，工程量小。水位变化大的河港码头多用这种形式。斜坡式码头往往配有"趸船"作为直接靠船设施，这样的码头称为"趸船码头"，又叫"浮码头"。"趸船"是长方形平底船，用锚链系泊，有的有撑杆支在岸上，随水涨落，靠船很方便，趸船可以堆

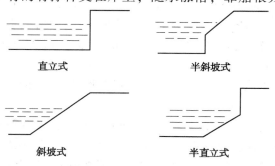

图 2-4　码头的岸壁形式

货。对于驳船卸油码头来说，机泵等设备可以布置在趸船上。趸船与岸间用活动引桥连接。趸船有钢制的，也有钢筋混凝土制的。半斜坡式码头多建在低水位期较长的地方，如季节性河流等。半直立式码头多建在高水位期较长的地方，如水库等。

三、码头的结构形式

（一）职码头基本结构

码头结构基本上有重力式和桩式两类。

1. 重力式码头

重力式码头靠自重与地基面的摩擦力来保持稳定。重力式结构大多是挡土墙式，如图 2-5 所示。

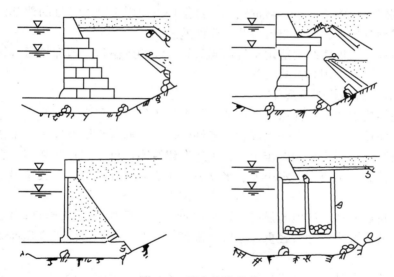

图 2-5　挡土墙式码头

（1）重力式码头整体性好，坚固耐久，可以适应较高的垂直荷载（如堆货、起重、运输等）和水平荷载（如靠船力、系船力等），但水泥、砂子、石头用量大。

（2）重力式和板桩式码头前沿都是直立的实体，对波浪反射很强，不利船舶稳定。高桩式码头前沿是透空的，对波浪反射作用小，靠船较稳，对水流和岸边冲淤等影响也小。

2. 桩式码头

桩式码头是靠桩被地基箍住而保持稳定，如图 2-6 所示。

(a)高桩式码头　　　　　　　　(b)板桩式码头

图 2-6　桩式码头

　　板桩式码头施工简单；高桩式码头自重轻，适用于可以打桩的地基，可以采用装配式预制构件，但对集中荷载适应性差。

　　重力式、板桩式结构适用于货运码头。石油的运输和装卸都是通过管道，集中荷载小，适合采用高桩式码头。

　　(二) 码头结构选用条件

　　码头结构形式的选择主要考虑使用要求、自然条件和施工条件。

　　(1) 使用要求。如码头上堆货、装卸、起重运输所需场地大小，布置方式以及受力情况等。码头受到的作用力，主要有建筑物自重、堆货和装卸、起重、运输机具的荷载、土压力、水压力、水浮力、冰压力、波浪力，以及靠船力、系船力等。

　　(2) 自然条件。如地基强弱，地层中卵石、孤石情况(是否能打桩)，水位变幅大小，波浪大小，冲淤轻重，冰层厚薄等。一般透空式结构对这几种情况适应性都较好。

　　(3) 施工条件。如施工技术、能力、装备、材料供应、价格、施工期限、场地和水电辅助设施等。

　　(三) 栈桥和引堤

　　岛式码头、趸船码头与陆地连通的桥称为栈桥，也叫引桥。靠近陆域部分水深较浅处，可以筑堤代替栈桥，称为引堤。

　　趸船石油码头的引桥，一端接岸，一端搭在趸船上，当趸船离岸较近时，做成活动引桥，随水涨落，而趸船距岸远时，常采用两跨引桥，接岸的一跨为固定式桥，采用钢筋混凝土结构，另一跨为钢制活动引桥。

第二节 油品装卸码头

一、油品装卸码头的选址

选择油港及码头的港湾或河域应满足下列条件：

（1）油品装卸码头宜布置在港口的边缘地区和下游。

（2）油品装卸码头和作业区宜独立设置。

（3）地质条件。油码头的建造必须有较好的地质条件，否则会产生过大的位移或沉降，影响正常使用。一般选岩石、砂土及较硬的黏土或砂质黏土选做油港及码头的地基较为合适。

（4）防波条件。码头应可靠的遮住海风，尽可能保护其不受波浪的冲击，最好设在河湾或海湾。如无这种条件，则尽可能采用透空式结构的码头，以减少波浪的反射影响。也可设置专用的防波堤和围栅保护油港。

（5）应有足够的水域面积，以便设置适当数量的码头和供调度油船、拖船之用。

（6）应有足够的深度，以便能在直接靠近河岸的地方设置码头。在码头处的最小深度 H 应按下式计算。

$$H = T + Z_1 + Z_2 + Z_3 + Z_4$$

$$Z_2 = 0.3 \times 2h - Z_1$$

式中　T——载重量最大船的最大吃水深度，m；

　　　Z_1——船底至河底允许的最小富余量（一般河港 $Z_1 = 0.15 \sim 0.25$m，海港 $Z_1 = 0.20 \sim 0.60$m），m；

　　　Z_2——波浪影响的附加深度，m；

　　　h——码头附近最高波浪（$Z_2 \leqslant 0$ 时，Z_2 取零），m；

　　　Z_3——船在装卸和航行中吃水差的附加深度，m；

　　　Z_4——考虑江、河、海泥沙淤积的增加量（一般取 $Z_4 = 0.4$m），m。

一般河港　　　　　　　　　　$Z_3 = 0.3$m

海港　　　　　　　　　　　　$Z_3 = K\upsilon$

式中　K——与长度有关的系数；

　　　υ——航速，km/h；

（7）在油港内应尽量避免冲积泥砂，以免经常进行河底疏通工程。

（8）油码头应与其他货运码头、客运码头及桥梁等建筑保持一定距离，并尽可能设置在它们的下游，以免发生火灾时危及这些建筑的安全。如确有困难时，在设有可靠的安全设施条件下，亦可建在上游。装卸油品码头与相邻客运、货运码头及公路桥梁、铁路桥梁等建筑物、构筑物的安全距离，不应小于表2-1~表2-3的规定。油品装卸码头之间或油品码头相邻两泊位的船舶安全距离，不应小于表2-4的规定。

表 2-1   油品装卸码头与相邻港口客运码头安全距离

油品装卸码头位置	客运站级别	油品类别	安全距离（m）
沿海	一、二、三、四	甲B、乙	300（150）
		丙	200（100）
内河客运站码头的下游	一、二	甲B、乙、	300（150）
		丙	200（100）
	三、四	甲B、乙	150（75）
		丙	100（50）
内河客运站码头的上游	一	甲B、乙	3000（1500）
		丙	2000（1000）
	二	甲B、乙	2000（1000）
		丙	1500（750）
	三、四	甲B、乙	1000（500）
		丙	700（350）

注：（1）油品装卸码头与相邻客运站码头的安全距离，系指相邻两码头所停靠设计船型首尾间的净距。

（2）括号内数据为停靠小于500t级船舶码头的安全距离。

（3）客运站级别划分应符合 GB 50192《河港工程设计规范》的规定。

表 2-2   油品装卸码头与相邻货运码头的安全距离

油品装卸码头位置	油品类别	安全距离（m）
内河货运码头下游	甲B、乙	75
	丙A	50
沿海、河口 内河货运码头上游	甲B、乙	150
	丙A	100

注：表中安全距离系指相邻两码头所停靠设计船型首尾间的净距。

表 2-3　油品装卸码头与公路、铁路桥梁等建(构)筑物的安全距离

油品装卸码头位置	油品类别	安全距离(m)
公路、铁路桥梁的下游	甲B、乙	150(75)
	丙	100(50)
公路、铁路桥梁的上游	甲B、乙	300(150)
	丙	200(100)
内河大型船队锚地、固定停泊所、城市水源取水口的上游	甲B、乙、丙	1000(500)

注：表中括号内数字为停靠小于 500t 船舶码头的安全距离。

表 2-4　油品装卸码头之间或油品装卸码头相邻两泊位的船舶安全距离

停靠船舶吨级	船　长 L(m)	安全距离(m)
>1000t 级	$L \leq 110$	25
	$110 < L \leq 150$	35
	$150 < L \leq 182$	40
	$182 < L \leq 235$	50
	$L > 235$	55
≤1000t 级	L	0.3L

注：(1) 船舶安全距离系指相邻油品泊位设计船型首尾间的净距。
(2) 当相邻泊位设计船型不同时，其间距应按吨级较大者计算。
(3) 当突堤或栈桥码头两侧靠船时，装卸甲类油品泊位与船舷之间的安全距离不应小于 25m。

二、油品装卸码头的种类

油品装卸码头(油码头)的建造材料，应采用非燃烧材料(护舷设施除外)。国内油品装卸码头的种类见图 2-7。

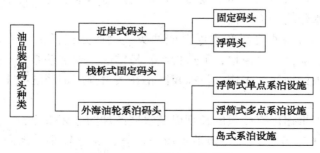

图 2-7　油品装卸码头种类

（一）近岸式码头

近岸式码头多利用天然海湾或建筑防护设施而建成，常见的近岸式油码头有固定码头和浮码头两种。

1. 固定码头

固定码头如图 2-8 所示，一般均利用自然地形顺海岸建筑，主要有上部结构、墙身、基床、墙背减压棱体等几部分组成。这种码头适用于坚实的岩石、砂土和坚硬的黏性土壤地基，其优点是整体性好，结构坚固耐久，抵抗船舶水平载荷的能力大，施工作业比较简单；其缺点是港内波浪较大时，岸壁前的波浪反射将影响港内水域的平稳，不利于油船停靠和作业，这种码头由于作业量小，对新建的海湾油港已很少采用。

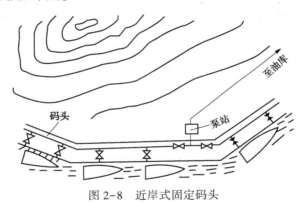

图 2-8　近岸式固定码头

2. 浮码头

浮码头如图 2-9 所示，对于水位经常变动（如涨落潮）的港口，应设置可以随水位升降的浮码头（又称趸船）。浮码头是由趸船、趸船的锚系和支撑设施、引桥、护岸部分、浮动泵站及输油管等组成。浮码头的特点是趸船随水位涨落而升降，所以作为码头面的趸船甲板面与水面的高差基本上为一定值，它与船舶间的联系在任何水位均一样方便。

常用的趸船有钢质趸船和水泥趸船两类。钢质趸船抵抗水力冲击的能力较强，水密性好，船体不易破损，但造价高，易锈蚀，须定期维修。因此，一般在水流急、回水大的地区才采用。目前我国正在大力推广钢筋混凝土趸船和钢丝网水泥趸船。

趸船的长度根据停靠船只的长度以及水域条件的好坏来定，一般以趸船长与船长之比等于 0.7~0.8 设计。如果水域条件好，流速较小，无回水，则趸船可以小些。如果水域条件差，对靠岸不利，则趸船应大些。

活动引桥的坡度随水位而变化，一般在低水位时，人行桥的坡度要求不陡于1∶3。活动引桥若行人时宽度不应小于2.0m。活动引桥通常采用钢结构。引桥在趸船和岸上的支座构造一方面要能在垂直面内充分转动，还要在水平面内稍有转动；另一方面，当趸船有纵向和横向位移时，要求均不把水平力传给引桥来承受。

当趸船离岸较远时，则除了活动引桥外还可有固定引堤。

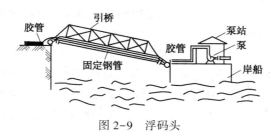

图 2-9　浮码头

（二）栈桥式固定码头

近岸式固定码头和浮码头供停泊的油船吨位均不大，随着船舶的大型化，目前万吨以上的油轮多采用栈桥式固定油码头，如图 2-10 所示。这种码头借助引桥将泊位引向深水处，它停靠的船只多，但修建困难，受潮汐影响大，破坏后修复慢。

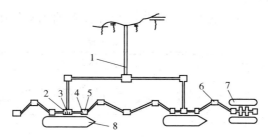

图 2-10　栈桥式固定油码头

1—栈桥；2—工作平台；3—卸油架；4—护板；
5—靠船墩；6—系船墩；7—工作船；8—油船

栈桥式固定码头一般由引桥、工作平台和靠船墩等部分组成。引桥作为人行和敷设管道之用；工作平台为装卸油品操作之用；靠船墩则为靠船系船之用。在靠船墩上使用护木或橡胶防护设备来吸收靠船能量。

栈桥式固定码头的栈桥设置应符合下列规定：

（1）油品管道栈桥宜独立设置。

（2）当油品码头与邻近的货运码头共用一座栈桥时，油品管道通道和货运通道应分别设置在栈桥两侧，两者中间应布置宽度不小于2m的检修通道。

（三）外海油轮系泊码头

近年来，油轮的吨位不断增加，10万吨、20万吨、30万吨级的油轮在许多国家已经普遍使用，50万吨级的巨型油轮也已下水，随着油轮的吨位增加，船型尺寸和吃水深度也相应加大。由于这些因素，近岸式码头已不能适应巨型油轮的需要，因此，油码头开始向外海发展。目前，外海油轮系泊码头主要有三种形式：浮筒式单点系泊设施、浮筒式多点系泊设施和岛式系泊设施。下面就深水岛式码头和单点系泊作简要介绍。

1. 深水岛式码头

远离岸边的水域叫"外海"。在外海可以修建深水岛式码头，停泊大型船舶，再利用中小型船舶过驳。在外海修建栈桥，防波堤等，工程浩大，很不现实，由于大船对风浪的适应性强，因此这种码头大都是孤立的和敞开式的。这种码头特别适合停靠油轮，因为可以铺设水下管道直接与岸上连通。

2. 单点系泊

在外海系泊超级油轮，除修建孤立的岛式码头外，还可以采用浮筒系泊。采用多个浮筒多条缆索系船的称为"多点系泊码头"。近来更多采用"单点系泊"码头。即在海中只设一个特殊的浮筒或塔架系住船首，系船部分有转轴，油轮可随水流和风向变化而改变方位。

图2-11为日本兵库炼油厂的25×10^4t级单点系泊码头的接卸原油过程。

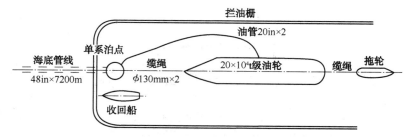

图2-11 日本兵库炼油厂单点系泊概略图

该单点系泊是采用美国IMOTO的技术，设计条件见表2-5。

表2-5 日本兵库炼油厂单点系泊设计条件

项目	技术要求	项目	技术要求
水深（m）	21	最大风速（m/s）	70
波高（m）	2.8	作业时最大风速（m/s）	30
最大潮流（节）	0.75		

单点系泊本体为412.5m钢质漂浮物，高3.7m，内有安全设备(航道标志灯、雾笛、可燃气体报警装置、气象观测装置、软管张力检测记录装置、送油压力报警装置)，通信设备(无线电通信)，消防设备(消防泵、灭火器)及其他设备(发电机、蓄电池、配电盘、空气压缩机、压缩空气罐等)。

海底管线为：直径1.22m，长7.2km，埋深2m以上，材质为API 5LX. X42，管线外面用ABS塑料保护，管线金属用牺牲阳极电保护。

单点系泊构成如图2-12所示。

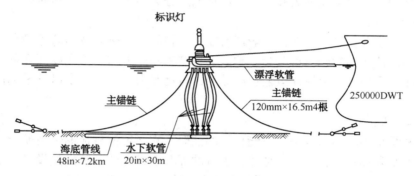

图2-12　单点系泊构成图

单点系泊操作如下：

(1)系泊。油轮到达后，将缆绳系在油轮的船头上，船尾用拖轮拉住，使单点、油轮与拖轮成一直线，油轮的头朝风向。

(2)卸油管上浮。将沉浮式卸油软管与油轮的卸油口相连，启动空气压缩机给沉浮式卸油软管的充气部分充气，卸油管浮上水面。软管的弯曲半径很小，上浮太快会造成很大的弯曲应力，应注意不能使软管上浮速度太快。

(3)拦油栅。在油轮作业的下风向，绕半圈栏油栅，充好气，浮在水面上，用船拉住。

(4)消防船、油品回收船等待命令。

(5)一切准备工作、联系工作就绪后，启动油轮上的油泵即可卸油。

我国第一套25×10^4t级单点系泊原油接卸系统，于1994年9月底竣工，同年11月试投产成功。系统由一条管径为864mm，长度23km的海底管线和一个位于外海域的单点浮筒组成。浮筒的直径11.5m，高3.65m，上面有2条长270m；直径为500mm的漂浮软管，浮筒下面有2条长30m，直径为500mm的水下软管。系统在接卸15×10^4t级利比亚"JEROM"号油轮时，历时63h；接卸25×10^4t级伊朗籍"ALVAND"号油轮时，输油22×10^4t，输油时间 79.4h；还接卸过 $28 \times 10^4 t$ 级超级油轮"海上贵妇号"（塞浦路斯籍油轮，长 322m，宽 56m，吃水深 21.6m）。

第三节　油　船

一、油船的分类

根据油船有无自航能力和用途，可把油船分为油轮、油驳和储油船。

（一）油轮

有动力设备，可以自航，一般还有输油、扫舱、加热以及消防等设备。国内海运和内河使用的油轮，可分为万吨以上、三千吨以上和三千吨以下几种。万吨以上油轮主要用于海上原油运输；成品油的海运和内河运输，多以三千吨以下油轮为主。

（二）油驳

油驳是指不带动力设备，不能自航的油船。它必须依靠拖船牵引航行；利用油库的油泵和加热设备装卸、加热，也有的油驳上带有油泵和加热设备。油驳按用途分为海上和内河两类。油驳的载重量包括 100t、300t、400t、600t、1000t、3000t 等多种。油驳一般有 6~10 个油舱，并有一直可以相互连通或隔离的管组。也可装载两种以上的油品。油驳是单条或多条编队由拖带或顶推航行。拖轮上有较大能力的消防设施。

（三）储油船

近年来，在海上开采石油越来越多，离岸太远时，则利用储油船代替海上储油罐，用来储存和调拨石油。储油船一般要比停靠的油船吨位大。它除了没有主机不能自航外，其余设备都与一般油船相似。

二、油船的舱室

油船用来装油的部分称为油舱。油船多用单层底，单层甲板。新建油船多为双层底，并用纵横舱壁分隔成若干相互密封隔绝的舱室，增加了油船的稳定性，减少因油船摇动时油品的水力冲击，其结构见图 2-13。

几个舱室缓慢抽油时，可使油船向船首或船尾倾斜，以便将油品抽吸干净，还可增加防火安全性。油轮的机器舱、燃料舱等其他舱室之间设有隔离舱，防止油类气体向其他舱室渗漏，以防火防爆。运送汽油等一级油品时，隔离舱内必须灌满水。当运载几种油品时，为避免隔离板泄漏造成油品混合变质，每两个舱室之间设一个隔离舱。油轮还设有油泵舱、压载舱等。

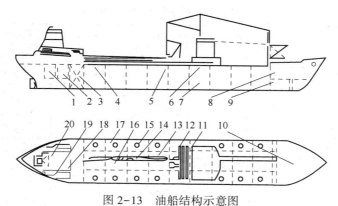

图 2-13　油船结构示意图

1—锅炉舱；2—引擎舱；3—燃油舱；4—栈桥；5—泵房；
6—驾驶台；7—油舱；8—干货舱；9—压载舱；10—水泵房；11—管组；
12—泵房；13—油舱(中间舱)；14—输油管；15—油舱(边舱)；
16—油舱；17—引擎舱；18—生活间；19—锅炉舱；20—冷藏间

每一个油舱端的隔舱壁附近设有垂直的量油口，用来测量舱内油高。

三、油船管路系统

（1）输油管路系统。与岸上输油软管或输油臂连接的结合管接头，输油干管及伸向各油舱的输油支管组成。

（2）清舱管路系统。用于吸净输油干管不能抽净的舱内残油。它设在油舱底部，与泵舱内专用清舱油泵相接。

（3）蒸汽加热管路系统。在油舱内设有蛇形蒸汽加热管，以便对黏度大、凝固点高的油品加热。

（4）通气管路系统。每一个油舱均有通气管，以免运输中温度变化致使油品体积变化时，使船体及舱壁受到异常压力。第一个油舱通气管均设有防火安全装置及气阀，以便在发生火灾时，隔绝各舱气体。

（5）消防及惰性气体管路系统。在油轮上装有一系列固定的消防管路系统，如蒸汽灭火系统、二氧化碳灭火系统、水灭火系统及泡沫灭火系统等。

（6）洒水系统。用于降低甲板温度，减少舱内油品挥发。它设在栈桥下，沿主甲板全长敷设带有喷水孔的管道。

四、国内主要油船的技术参数

国内主要油船的技术参数，见表 2-6~表 2-9。

表 2-6　油船船型尺度特征值

船舶吨级 DWT(t)	总长（m）			型宽（m）			型深（m）			满载吃水（m）			船舶统计数量（艘）
	最大	最小	平均	最大	最小	平均	最大	最小	平均	最大	最小	平均	
1000（1000～1500）	86	53	65	15.0	3.8	9.9	10.0	3.7	7.2	4.5	2.3	3.4	16
2000（1501～2500）	110	62	76	17.1	5.5	12.5	12.0	4.0	5.6	5.3	3.0	4.5	109
3000（2501～4500）	138	64	89	18.0	5.5	13.9	12.0	3.6	6.7	6.6	3.0	5.2	383
5000（4501～7500）	147	80	108	20.4	13.4	16.4	12.0	5.5	7.9	8.8	3.1	6.1	480
10000（7501～12500）	150	99	125	22.0	15.0	18.7	12.7	7.4	9.9	9.0	5.1	7.3	109
20000（12501～27500）	200	119	153	32.3	17.3	23.5	17.3	8.5	12.2	11.8	5.5	8.4	157
30000（27501～45000）	209	163	179	32.3	24.5	28.9	19.3	12.5	16.3	13.1	9.0	11.0	421
50000（45001～65000）	248	172	190	43.0	28.4	32.2	21.2	13.8	18.6	14.0	9.9	12.3	537
80000（65001～85000）	260	182	229	44.0	32.0	34.0	23.2	16.8	19.9	15.7	11.0	13.3	360
100000（85001～105000）	261	221	242	46.2	36.6	42.0	23.5	17.2	20.3	16.0	11.2	13.8	341
120000（105001～135000）	280	229	247	50.0	39.6	42.8	25.2	19.2	21.4	17.5	12.0	14.7	482
150000（135001～185000）	302	258	274	52.1	43.0	47.3	26.3	22.4	23.5	17.7	12.2	16.5	341
250000（185001～275000）	338	279	323	60.0	50.0	57.3	31.3	25.8	29.0	21.1	18.5	19.6	97
300000（275001～375000）	346	320	332	70.0	56.0	58.8	31.8	27.3	30.2	23.2	18.6	21.5	493

表 2-7　油驳的规格性能表

用途	载货量（t）	外形尺寸(m×m×m)，（长×宽×深）	吃水（m）	船质	备注
运油	50	23.8×4.4×1.85	1.25	钢	
运油	100	29×5.7×1.55	1.2	钢	
运油	300	37.76×7.6×2.5	1.1	钢	
运油	600	50.6×8.53×2.9	2.5	钢	
运油	1200	60.2×11×3.5	3.0	钢	
运油，油421	400	40×8×2.7		钢	
运油，油501	545	49.72×8.84×2.64		钢	
运油，油601	640	50.6×8.53×2.9		钢	
运油，油605	600	56×10×2		钢	
运油，油901	900	56.34×10.19×3.05		钢	
运油，油1012	1300	62×11×3.5		钢	
运油，油1014	1000	62×11×3.5	2.76	钢	汽油驳
运油，油1019	1500	75×13×3.5	2.6	钢	渣油驳
运油，油3003	3000	86.5×15.6×4	3.3	钢	原油驳

表 2-8　拖轮的规格性能表

船名	船质	燃料	功率(hp)	主要尺寸(长×宽×高)(m×m×m)	吃水深(m)
长江 3001	钢	油	3400	46.2×10×3.7	2.9
长江 3002	钢	油	3400	46.2×10×3.7	2.9
长江 3003	钢	油	3400	46.2×10×3.7	2.9
长江 3005	钢	油	3400	46.2×10×3.7	2.6
长江 4002	钢	油	4000	49.6×10×3.7	2.6
长江 3003	钢	油	2×150	25.95×5.21×1.4	0.9
	钢	油	2000	49.75×8.84×3.2	3.0
	钢	油	2×400	31.05×7.4×3.4	2.3
	钢	油	1800	38.84×10×3.7	2.8
	钢	油	1000	33.95×8.2×4.4	3.2
	钢	油	2×400	30.58×7.6×3.6	2.4
	钢	油	2×540	45.79×9.4×5.0	3.92
长江 703	钢	油	500	35×7.2×3.3	2.4

注：1hp＝745.7W。

表 2-9　趸船的一般规格性能表

名　称	主要尺寸(m×m×m)(长×宽×高)	吃水深(m)		载重(t)
		空载	满载	
24m 装配式钢筋混凝土趸船	24×7.1×1.7	0.85	0.95	20
40m 装配式钢筋混凝土趸船	40×9×2.3	1.15	1.42	100
65m 装配式钢筋混凝土趸船	65×13×2.8	1.25	1.85	500
20m 钢质趸船	20×8×1.5			
30m 钢结构趸船	30×7×1.8			
37m 钢结构趸船	37×5.5×1.5			
钢质趸船	39.6×9.2×2.3	1.44		
钢质趸船	60×12×2.5			
钢质趸船	74×14×3	1.6		
钢质趸船	80×14×3			
钢质趸船	90×14×2	0.6		
钢质趸船	100×16×3.5			

第四节　码头油品装卸有关技术数据

一、装卸油速度

沿海及内河油轮均装有蒸汽往复泵或透平泵，卸油可用船上的泵。内河油驳有的带泵，有的不带泵。不带泵的油驳用设在趸船上（或岸上）的泵卸油。卸油速度因船而异，大致如表2-10所示。

表2-10　油轮卸油速度表

油轮吨位(t)	10000	20000	30000	50000	80000	100000	200000	≥250000
卸油速度（m³/h）	600~800	1190~1360	1400~1600	2100~2400	2800~3200	3500~4000	6300	≥7300

装油方式有油泵装和自流装两种，装油速度因具体情况而异，目前最大可达1500t/h，装船时间不超过16h。

二、装卸船时间

我国港口工程规范中，规定了油码头油轮净装卸油的时间，见表2-11和表2-12。

表2-11　装油港泊位净装时间

油轮泊位吨级(t)	10000~5000	80000~100000	200000	≥250000
净装油时间(h)	10	13~15	15~20	≥20

表2-12　卸油港泊位净卸时间

油轮泊位吨级(t)	10000	20000	30000	50000	80000	100000
净卸油时间(h)	24~18	27~24	30~26	36~32	36~31	36~21

三、油轮供水与耗汽量

油轮供水与耗汽量见表2-13。

表2-13　油轮供水量及耗汽量参考表

油轮吨位(t)	生活用水及锅炉用水(t)	卸重质油时岸上辅助供汽及扫线用汽量(t/h)
5000	120	1~2
≥10000	250~300	2~3

四、油船扫线方式

油船装卸油完毕后，放空油管线，并清扫管内残油、存水，即为扫线，扫线方式见表2-14。

表 2-14　油船扫线方式

扫线方式	用蒸汽扫	用压缩空气扫	用蒸汽扫后，再用压缩空气吹	一般可不扫
适用油品	原油、柴油、燃料油等	特种燃料油、一般润滑油	重质油、喷气燃料、寒冷地区的油	煤油

注：清扫蒸汽和压缩空气的压力为0.3~0.6MPa，最低为0.2MPa。

第五节　码头油品装卸工艺流程

一、工艺流程设计原则

码头油品装卸工艺流程设计应遵循如下原则：

（1）应能满足油港装卸作业和适应多种作业的要求。

（2）同时装卸几种油品时不互相干扰。

（3）管线互为备用，能把油品调度到任一条管路中去，不致因某一条管路发生故障而影响操作。但对航空油料等要求严格的油品，管路应专用。

（4）泵能互为备用，当某台泵出现故障时，能照常工作，必要时数台泵可同时工作。

（5）发生故障时能迅速切断油路，并考虑有效放空措施。

二、常用工艺流程

（一）油船卸油与装油的动力

油船卸油可用油船上的泵。若储油区与码头距离不长、高差不大，可用油船上的泵直接将油输送至储油区。若储油区与码头高差较大或距离较远时，一般在岸上设置缓冲油罐，利用船上的泵先将油品输入缓冲罐中，然后再用中继泵将缓冲罐中的油品输送至储油区。

向油船装油一般采用自流方式，某些港口地面油库，因油罐与油船高差小，距离大，需用泵装油。

（二）码头卸油与装油的管路系统

油船装卸必须在码头上设置装卸油管路，每组油品单独设置一组装卸油管，在集油管线上设置若干分支管路，支管间距一般为10m左右，分支管路的数量和直径以及集油管、泵吸入管的直径等参数，应根据油轮油驳的尺寸、容量和装卸油速度等具体条件确定。在具体配置上，一般将不同油品的几个分支管路（即装卸油短管）设置在一个操作井或操作间内。平时将操作井盖上盖板，使用时打开盖板，接上耐油胶管。

装卸黏油时，在操作井内还应配置蒸汽短管。常用工艺流程见图2-14。

油品装卸作业结束后，管线内的剩余油品应当清扫到回油罐，或清扫入油船。清扫线的目的是为了防止润滑油、重油在管内凝结，便于检修，避免下次来另一种油品时混油。

清扫管线时，除汽油外，其他成品油一般采用压缩空气清扫。但对管线呈下垂凹形的地方，压缩空气不易将剩余油清扫干净，因此，在管线布置时，要注意尽可能避免出现下垂凹形死角。

（三）油船清扫方法及设备

油船用船上卸油泵卸油后，油舱底部必然会有一些剩余油料。为了清除舱底的剩余油料，一般在船上设置有真空度较高的清扫泵。目前，多数油船的清扫泵是往复泵。

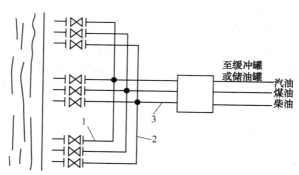

图2-14　油码头油品装卸工艺流程图

1—分支装卸油管；2—集油管；3—油泵吸入管

三、海运油码头装卸油工艺

（一）油码头装卸设施

沿海油库油品的运输以油轮为主。油轮都配有装卸油设备，故海运装卸油码头一般都不设泵房，或因油罐区较远，在岸上设中转泵房。

海运装卸油码头设施一般只有相应的管道工艺，不设泵房。

（二）油码头管道类型

根据性质不同，管道可分为输油管道和辅助管道。

1. 输油管道

相对于铁路装卸油工艺，海运码头输油管道工艺较为简单，大多数码头都设置专管专用工艺，但也可根据需要设计成互为备用式的工艺流程。

活动引桥管道接头部分及与油轮管相连接部分管道，一般采用耐油橡胶软管。

根据规定，凡水运（包括海运、内陆水运）装卸油码头输油管，必须在岸边适当部位设置机械强度较高的总控制阀，以防意外情况发生时控制油流不进入码头水域。

2. 辅助管道

辅助管道一般有自来水管、船用燃料油管、压舱水管及消防用管等。自来水管提供油轮生活用水及其他用途的淡水补给；船用燃料油管用作输送供油轮动力及生活用燃料油；油轮空载航行时需有一定的压舱水。一般要求海运油库有较强能力的污水处理装置，所以压舱水管可以导向污水处理装置，经净化处理后再导向专用水池或排入大海；消防管系主要由供水导管和消防泡沫管等组成。

3. 输油臂

输油臂是油码头与油轮管道系统间的连接设备。输油臂可用来装油，也可用来卸油或接卸压舱水。

（三）油码头的油罐及其他设备

在装卸油码头及其附近应根据需要设置一定容量的放空罐、沉淀罐和缓冲罐。放空罐用于排空管线中存油，沉淀罐用来沉淀油船的扫舱油，黏油放空罐及沉淀罐内一般应设加热器。缓冲罐起中继罐的作用。

此外，装卸油码头上还应具备向油船供水、供油、供蒸汽的水管、油管和蒸汽管，应当有通信联络设备和消防设备等。

（四）发油码头

我国沿海有丰富的渔业资源，渔业生产也较为发达。沿海油库还担负向渔船以及其他用船单位供应油品的任务，即一般都设有发油码头。发油码头可与装卸油码头共用或另设发油码头。

发油码头建筑形式及要求与装卸油码头相同，发油以加油枪灌装柴油为主。

四、内陆河湖（大型水库）油码头装卸油工艺

由于内陆大河油品运输工具有油轮和油驳两种，而一般油驳无自卸能力，只能依靠岸上油泵卸油。为了保证卸油泵的吸入条件，卸油泵尽量接近油驳，这样

卸油泵房必须设在码头趸船上。

趸船上除设有卸油泵、输油导管、电源线路，以及为了灌泵和清舱所设的真空系统。有的趸舱泵房还设有通风系统及消防系统。各管系与岸上油库相应管道连接工艺和要求与海运油库码头相同。

五、江南内陆水网油码头装卸油工艺

我国江南有众多中小型河流组成的水网，不少油库都利用这种水运网进行油品运输，油库也往往选择建造在河边。但因为油库均依城镇而设，城填所在的水网地带，一般都为沃野良田，对土地利用率的要求较高。另外再加上中、小型河流自身的特点，以及大量的桶装油品也都是用船只运输，所以江南水网油库码头形式与海运及大江河油库码头相比较，有较大的区别。

因中、小型河流的油品运输均以小型无动力驳船为主，故沿河岸油库设卸油泵房。另外，也设有桶装油品吊运机械。

在水网地带不少用户都自备有船只，也习惯用船来油库提油。这样，油库码头也设相应的发油设备。

内陆河流水网油库码头装卸油工艺及码头布置有其鲜明的特色和特殊要求，即装卸油工艺设施相应地较为集中，区域内各设施及场地布置要求紧凑。

六、码头装卸油管及收发油口布置要点

（一）引桥、码头输油管及收发油口的布置

1. 引桥、码头输油管布置要点

在引桥和码头的表面不应布置输油管，以免阻碍通行和作业。有条件设管沟时，可将油管敷设在管沟中。在引桥上也可将油管设在引桥旁边。

2. 收发油口布置要点

在码头上收发油口的布置，应根据舰船的尺寸和舰船加油口和发油口的位置确定，使之尽量缩短收发油胶管的长度。

（二）卸油井、加油井设计要点

为了操作使用方便和安全管理，每个加油口和发油口做成阀门井的形式，称为加油井和卸油井。井内集中安装有阀门、流量计、过滤器及快速接头等，有的将加油用的软管也放在井内。井顶应高于码头面 20 cm 左右，以防雨水进入。井口加盖、加锁，不使用时上锁，防止无关人员随意操作。多数码头加油井和卸油井两者合一，只有油船和舰艇尺寸差别太大，才将两井分开。

第六节　码头油品装卸输油臂

　　码头的油品装卸设备主要包括油泵、输油导管、工艺管路及其附件。除输油导管外，其他设备与铁路油品装卸设备基本相同，现不再赘述。国内装卸油导管有橡胶软管和输油臂两种。

　　目前大中型油品装卸码头均采用输油臂来进行油品装卸作业，它可以克服橡胶软管存在的装卸效率低、寿命短、易泄漏和接管时劳动强度大等缺点。

　　船用输油臂是油码头与油轮的管道系统间连接设备，用于输送液体和气体石油产品，口径在 DN100～DN600，设计温度范围为 196～250℃。根据输送介质种类和温度的不同，材质可以是碳钢、不锈钢或 PTFE 材料。根据口径、负载的不同，可采用手动操作或电液控制。在介质输送过程中，船舶可在正常范围内漂移，输油臂的管路可以与船舶随动。有的输油臂还装有范围监测系统，在船舶接合管漂移出正常工作范围时，提供声光报警；输油臂上还可以配置双球阀紧急脱离接头，当锚链拉断，船舶从泊位漂移出去、失火、超载、突然发生暴风雨天气等危险情况时，输油臂与油轮能迅速脱离；装卸液化石油气或需要油气回收的输油臂还装有油气回输管；有的输油臂还可配备"伴热"设施。

　　一般情况下，输油臂的允许工作压力为 1MPa，对于 LPG 输油臂，最大压力可达 2.0～2.5MPa。

一、输油臂的组成

　　输油臂主要由立柱、内臂、外臂、三向回转接头、内外臂配重等部分组成，其中在立柱和内臂间，内臂和外臂间，外臂和三向回转接头间采用轴承回转接头相连，使两连接件间能相对转动，从而实现与船舶的对接。

　　真空破坏器安装在三向回转接头或上部回转接头附近，它是由阀盘、阀体、弹簧等构成的一个单向阀。当输油臂输送介质停止时，残留在三向回转接头和外臂内的液态介质通过重力向下流动，臂内形成真空，真空破坏器在大气压的作用下打开，残留液体向下流进船中，臂管内外压力平衡后，在弹簧力的作用下阀盘回到原位自动关闭。

　　输油臂的驱动方式分手动和液压驱动两种，配重形式有双平衡式和旋转平衡式，使输油臂在未与油轮对接时，内外臂在所有位置上均处于平衡状态。

二、输油臂的结构

（一）手动输油臂的工作范围和结构

（1）SYB 型手动输油臂的工作范围。由于油码头面高低不同，潮差大小不一，油轮大小不等，因此输油臂的工作范围可由用户的油轮确定。手动输油臂的工作范围见图 2-15 及表 2-15。

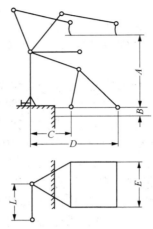

图 2-15　SYB 型手动输油臂的工作范围

表 2-15　1SYB 手动输油臂的工作范围参数　　　　（单位：m）

公称直径	A	B	C	D	E
DN150	3.0~5.0	2.0~4.0	3.5~4.0	5.0~6.7	±1.5~±2.0
DN200	4.0~6.0	2.0~5.0	3.5~4.5	5.0~8.0	±1.5~±2.0

（2）手动输油臂的结构。手动输油臂有手动连杆式输油臂、手动双平衡式输油臂、手动旋转平衡式输油臂、手动输油臂的结构见图 2-16～图 2-20。

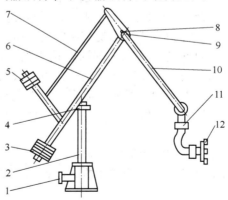

图 2-16　手动连杆式输油臂的结构

1—入口法兰；2—立柱；3—内臂配重；4—中间回转接头；5—外臂配重；6—内臂；

7—连杆；8—真空破坏器；9—上部回转接头；10—外臂；11—三向回转接头；12—快速连接器

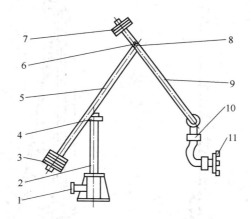

图 2-17　手动双平衡式输油臂的结构

1—入口法兰；2—立柱；3—内臂配重；4—中间回转接头；
5—内臂；6—真空破坏器；7—外臂配重；8—上部回转接头；
9—外臂；10—三向回转接头；11—快速连接器

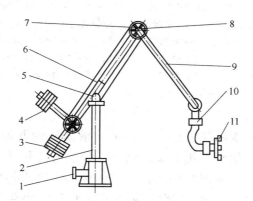

图 2-18　手动旋转平衡式输油臂的结构

1—入口法兰；2—立柱；3—内臂配重；4—外臂配重；
5—中间回转接头；6—内臂；7—真空破坏器；8—上部回转接头；
9—外臂；10—三向回转接头；11—快速连接器

（3）可选配附件。手动输油臂可供选配的附件有真空短路器、绝缘法兰、手动快速接头、排空系统和截止阀；手动输油臂可供选配的附件有真空短路器、吹扫系统、绝缘法兰、手动快速接头、可调支腿、截止阀、限位系统、排空系统、安全梯。

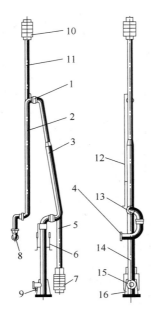

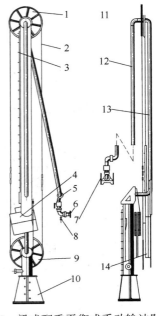

图 2-19 双配重平衡式手动输油臂的结构
1—高点旋转接头；2—外臂；3—内臂；4—船端连接法兰；5—配重梁；6—锁紧装置；7—配重块；8—入口法兰；9—排空口；10—外臂配重块；11—配重梁；12—真空短路系统；13—三维旋转接头；14—立柱；15—底座；16—码头端接口法兰

图 2-20 梁式配重平衡式手动输油臂的结构
1—空辐绳轮；2—钢丝绳；3—安全梯；4—配重；5—三维接头；6—手动快速接头；7—可调支腿；8—截止阀；9—本重绳轮；10—底座；11—可卸弯头；12—外臂；13—内臂；14—配重梁

（二）液压输油臂结构

（1）拉索式液压输油臂的结构。拉索式液压输油臂如图 2-21 所示。其立柱为双层套管，内层套管用以输送液体，外层套管用作支撑。立柱底部有一弯管，其法兰与岸上输油管相连，立柱的头部与竖直回转接头相连。在液压缸的作用下，回转接头的上部结构可作水平方向转动。内臂除输送油品外，也起支撑作用。在液压缸的作用下，内臂围绕垂直立柱的水平轴作回转运动。外臂顶部通过回转接头由驱动油缸带动大绳轮作上下旋转运动，另一端的静电绝缘法兰与三向回转接头相接。三向回转接头是外臂端部与船舶接油口法兰连接部分。接头由 3 段弯管分别与 3 只互相垂直的回转接头组装而成，可在 3 个方向自由回转。快速接管器与船舶接油口法兰连接。平衡配重是保持外臂与整体平衡的。

（2）全液压输油臂的结构。全液压输油臂的结构见图 2-22。

全液压输油臂的主要技术数据见表 2-16。

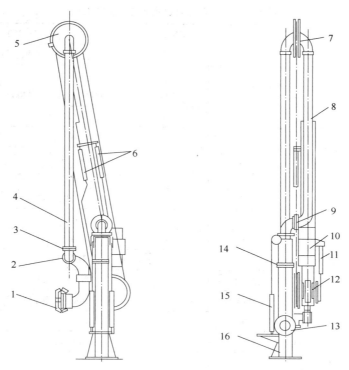

图 2-21　拉索式输油臂结构

1—快速接管器；2—三向回转接头；3—静电绝缘法兰；4—外臂；5—头部大绳轮；6—内臂驱动油缸；
7—头部回转接头；8—内臂；9—中间回转接头；10—旋转配重；11—外臂驱动油缸；12—固定配重；
13—输油臂连接法兰；14—竖向回转接头；15—旋转驱动油缸；16—立柱

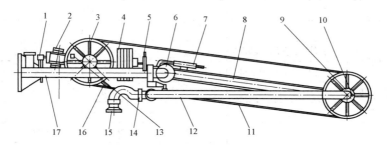

图 2-22　全液压输油臂的结构

1—内臂锁紧机构；2—内臂配重；3—下部绳轮；4—外臂配重；5—水平油缸；6—中间回转接头；
7—内臂油缸；8—内臂；9—上部回转接头；10—真空破坏器；11—钢丝绳；12—外臂；13—外臂锁紧装置；
14—三向回转接头；15—快速连接器；16—外臂油缸；17—立柱

表2-16 全液压输油臂的主要技术数据

项　　目		DN250	DN300	DN350	DN400
工作介质		汽油、煤油、柴油、原油、石脑、压仓水等			
流速(m/s)		6~8			
输油量(m³/h)		1200	1600	2700	3400
设计压力(MPa)		1.0			
平衡方式		旋转平衡			
驱动形式		液压驱动			
操作方式		手控、电控、遥控			
遥控距离(m)		50			
液压系统压力(MPa)		10.0			
电动机功率(kW)		5.5			
防爆等级		D Ⅱ BT$_4$			
抗风能力(Pa)	工作状态	<186(7级风)			
	非工作状态	>186~687(12级风)			
	需防护	>687~1471			
最高工作位置(至码头,m)		10~18			
最低工作位置(至码头,m)		0~0.6			
最大伸距(至立柱中心,m)		10~15.5			
最小伸距(至立柱中心,m)		5~6			
垂岸漂移(m)		1~3			
顺岸漂移(m)		±3~±4			
内臂长(m)		7~10.5			
外臂长(m)		8~11.5			
内臂允许回转角度	后仰(以垂线为基准)	0°~40°			
	下俯(以水平为基准)	0°~18°			
外臂对内臂回转角度		8°~130°			
水平允许回转角		±30°			
外形尺寸(主机)	长(mm)	2150	3600	3780	4600
	宽(mm)	1900	2200	2118	2200
	高(mm)	15200	16200	16758	21600
	液压站(mm×mm×mm)	1700×1140×1410			
	液压分站(mm×mm×mm)	655×496×778			

项 目		DN250	DN300	DN350	DN400
外形尺寸(主机)	电控柜(mm×mm×mm)	830×460×1810			
	遥控发射器(mm×mm×mm)	165×67×30			
重量(kg)	主机	10600	13180	15800	23300
	液压站	900			
	液压分站	195			
	电控柜	600			
	按钮台	100			
	遥控发射器	0.7			

（三）6-730 型输油臂的结构

6-730 型输油臂分为 6-730M 型手动输臂、6-730H 型电液控制输油臂、6-730HX 型双管电液控制输油臂三种规格。

（1）特点。6-730 型输油臂的特点是管道、旋转接头、支撑结构分离。管道和旋转接头仅承受介质重量、自重和介质产生的内压，所有外荷载、弯矩直接由支撑结构承担。管道、旋转接头可采用相同口径，组件少，互换性强。

6-730HX 型输油臂配备三套液压组件，分别驱动内臂、外臂、水平旋转运动，三套组件可以互换，三只液压缸可通过电液控制台进行操作，并可配备移动式控制盒，以便人员在码头或油船上控制输油臂的运动。还可配备双球阀紧急脱离接头（DBY/ERC），以便在与臂对接的油船漂移出预置工作包络线和安全包络线时自动分断。还可配备 DN50、DN80、DN150 油气返回管线（根据需要亦可制造更大口径的）。

（2）可选附件配置。6-730H 型和 6-730HX 型输油臂可选附件配置主要有真空短路器、排空系统、吹扫系统、绝缘法兰、截止阀、手动快速接头、液压快速接头、限位系统、可调支腿、安全梯。

另外，6-730HX 型输油臂还可选配液动紧急脱离接头和油气回输管线。

（3）6-730M 型、6-730 H 型、6-730HX 型输油臂结构，见图 2-23~图 2-25。

（四）液体(油)码头装卸臂选用及布置

液体(油)码头装卸臂选用及布置尺寸，见表 2-17。

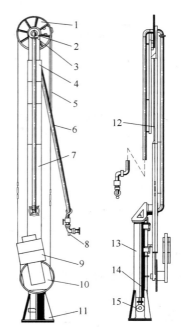

图 2-23 6-730M 型手动操作输油臂的结构图

1—空辐绳轮；2—上旋转接头；3—可卸弯头；4—外臂支承；5—钢丝绳；
6—外臂；7—箱型梁；8—排空接口；9—配重；10—实辐绳轮；11—基座；
12—内臂；13—立柱箱；14—锁紧装置；15—码头端接口法兰

表 2-17 液体(油)码头装卸臂选用及布置尺寸

码头吨级 DWT(t)	装卸臂口径 (mm)	装卸臂 配置台数	装卸臂中心至码头平台前沿距离(m)	装卸臂间距 (m)	设备驱动方式
1000~3000	150	1	2.0~2.5	2.0~2.5	手动/液动
5000	150~200	1	2.0~2.5	2.0~2.5	手动/液动
10000	200~250	1~2	2.0~2.5	2.5~3.0	液动
20000	200~250	1~2	2.0~2.5	2.5~3.0	液动
30000	250	2	2.0~2.5	2.5~3.0	液动
50000	250~300	2~3	2.5~3.0	2.5~3.0	液动
80000	250~300	3	2.5~3.0	2.5~3.0	液动
100000	250~300	3	2.5~3.0	2.5~3.0	液动
120000	300~350	3	2.5~3.0	3.0~3.5	液动

续表

码头吨级DWT(t)	装卸臂口径（mm）	装卸臂配置台数	装卸臂中心至码头平台前沿距离(m)	装卸臂间距（m）	设备驱动方式
150000	300~350	3	2.5~3.0	3.0~3.5	液动
250000	400	3	3.0~3.5	3.5~4.0	液动
300000	400~500	3	3.0~3.5	3.5~4.0	液动

注：表中装卸臂数量为码头装卸单一货品情况，实际配置台数可根据装卸货种和设备备用条件等确定，性质相近的货种可共用装卸臂。

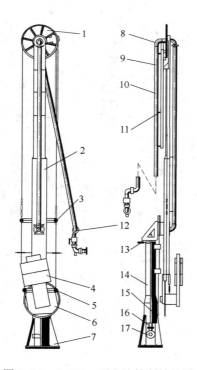

图 2-24　6-730H 型电液控制输油臂

1—空辐绳轮；2—支撑结构；3—内臂驱动；4—配重；5—外臂驱动；
6—本重轮；7—底座；8—可卸弯头；9—外臂；10—油品管道；11—外臂支撑；
12—三维旋转组件；13—旋转驱动；14—立柱箱；15—旋转和内臂锁紧装置；
16—油品管道；17—码头端接口法兰

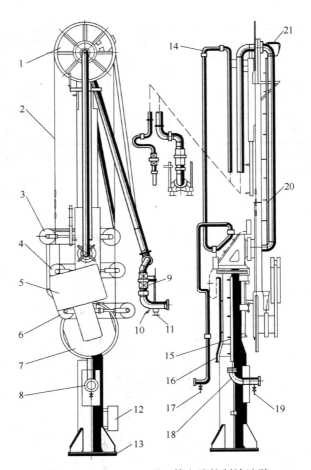

图 2-25　6-730HX 型双管电液控制输油臂

1—空辐绳轮；2—钢丝绳；3—内臂驱动；4—旋转驱动；5—配重；6—外臂驱动；
7—配重轮；8—码头端接口法兰；9—紧急脱离接头；10—排空口；11—支撑腿；
12—控制箱；13—基座；14—回气管线；15，20—梯；16，21—吹扫系统；
17—排空口；18—油品管道；19—排空接口

第七节　油船(轮)装卸油作业程序和要求

一、油船(轮)装油作业程序和要求

(一)准备阶段

装油准备阶段按照下列要求进行。

（1）下达作业任务。接到每月发油计划后，业务部门拟定发油方案，经库领导批准后，通报有关部门，做好发油准备工作。接到油船靠码头通知后，参照油船卸油作业准备阶段中的"下达任务"的程序，确定现场指挥员，办理"油品输送作业证"。

（2）接船。运输管理人员协助油船靠好码头，对准泊位。油库派专人上船了解油船性能和设备是否符合所运油品防爆等级要求，不符合要求时，油库应当及时上报，并拒绝装油。化验工按油船洗刷标准及验收方法，对油舱进行检查，不合格者，应立即请船方洗舱。油船同时装运两种以上不同油品时，油库应当督促船方对隔舱进行认真检查，防止串油。

（3）作业动员（同卸油作业）。

（4）作业前的准备和检查。作业前的准备和检查工作与卸油作业基本相同，应注意的是还应测量发油罐、放空罐的存油数量和质量，并及时排除罐内的水分和杂质。

（二）装油

准备就绪经检查无误后，油库与油船同时发出作业信号。司泵员启动油泵，先将放空罐内同品种、同牌号油品泵送到油船。油罐区保管员打开发油罐进出油阀门，自流给油船发油。如需使用油泵，司泵员按照操作规程启动油泵。码头保管员会同船方人员观察并报告油到油船的起始时间，由现场值班员进行核对，了解中途是否发生跑油或故障。

装油中的检查及情况处理：

（1）作业人员应当坚守岗位，加强联系，现场指挥员应当随时了解各岗位的情况，严密组织指挥，督促检查，遇有不正常情况时，应立即停止装油，仔细检查找出原因，正确处理后方可继续装油。

（2）油罐区。保管员应当注意观察发油罐液面下降情况，当发油罐内的油品接近发完时，应及时开启下一个油罐进出阀门，关闭空罐阀门。

（3）其他检查及情况处理与卸油作业相同。

（三）停发及放空管线

当最后一个舱装满时，船方发出停止作业信号。如泵送发油，司泵员立即停泵。现场指挥员随即通知罐区保管员关闭发油罐进出阀门，放空管线。

（四）办理发油证件

（1）化验人员逐个船舱检查油品外观和底部水分杂质情况，按规定采取抽样留存备查，并随油按要求出具化验单。

（2）计量工测量发油罐、放空罐的油高、油温，填写"量油原始记录"，计算核对发油数量。

（3）码头作业人员撤收码头至油船的软管，密封管口，放回原处，协助运输管理人员铅封油舱。

（4）现场指挥员核对运输、统计、化验、保管4个方面报告的完成情况，发现问题及时处理。

（5）运输管理人员将业务部门开出的发放凭证、化验室出具的化验单，送交船方随船带走。

二、油船(轮)卸油作业程序和要求

（一）准备阶段

卸油准备阶段按照下列程序和要求进行。

（1）接到每月收油计划后，业务部门拟定收油方案，经库领导批准后，通报有关部门，做好收油准备工作。

（2）接到油船来油通知后，库领导召集有关部门人员，研究确定作业方案，明确交代任务，严密组织分工，提出注意事项，指定现场指挥员（一次接收油料400t以上，库领导必须到达收发现场）。业务部门根据确定的作业方案，填写"油品输送作业证"，由库领导签发后，送交现场指挥员组织实施作业，作业全过程实行现场指挥员负责制。

（3）检查。运输管理人员协助油船做好停靠码头工作，上船索取证件，检查铅封，核对化验单、货运号、船号。

（4）化验。对油船逐个油舱检查油品外观和底部水分杂质，取样进行接收化验。化验结果以书面(化验单)形式报告现场指挥员。

（5）问题处理。如发现铅封破坏、油品被盗，以及油品质量问题，油库应当查明原因，及时处理和上报。

（6）作业动员。参见铁路卸油作业准备阶段动员。

（7）作业前准备和检查。作业前应会同船方商定好卸油方案和时间；连接好码头至油船的软管，留足长度，在通过船舷处搭好跳板或用绳索吊起；接好静电跨接线。保管员、消防员、值班干部应准备和检查的内容与铁路卸油相同。

（二）开泵输油

准备就绪经检查无误后，现场指挥员下达卸油命令。司泵员启动油泵，罐区保管员打开接收油罐进出阀门，先将放空罐内同品种、同牌号油品泵送到接收油罐内，然后油库与船方同时发出作业信号（由双方规定），油船开泵输油；油罐区保管员应当及时观察并报告油品进罐的起始时间；由现场值班员进行核对、了解中途是否发生跑油或故障。

输油中检查及情况处理：

（1）指定专人负责设备运转、阀门启闭、巡查输油管线等，发现问题立即报告，及时处理。

（2）作业人员应当坚守岗位，加强联系，与油船密切协同，油库油泵与油船油泵串联工作时，司泵员应当不断观察油泵压力、真空表指示和运转情况，做到同油船油泵协调一致。

（3）油罐区保管员应当注意观察接收油罐内液面上升情况，在装至安全高度时，做好换罐工作，先开空罐阀门，后关满罐阀门，以防溢油。

（4）输油作业中遇有大风、大浪和雷雨天气时，油库应当与船方商定停止作业。

（5）连续作业时，现场指挥员应当组织好各岗位交接班，一般不得中途暂停作业，特殊情况中途停止作业时，必须关闭接收油罐和油泵的进出阀门，断开电源开关，盖好罐盖。没有胀油管的输油管线，应将输油管线内的存油向放空罐放出一部分，防止因油温升高胀裂管线。

（6）因故中途暂时停泵时，必须关闭有关阀门，防止因位差或虹吸作用造成跑油。

（7）现场指挥员应当随时了解情况，严密组织指挥，督促检查，严防跑、冒、混、漏油品和其他事故发生。现场指挥员因事临时离开岗位时，由现场值班员临时代替指挥作业。

（三）停输及放空管线

当油船最后一个舱油品卸完时，船方发出停止作业信号，油库立即停泵。现场指挥员随即通知罐区保管员关闭接收油罐的油罐进出油阀门，油船舱底油应当采取各种措施抽净。

按照吸入管线、输油管线、泵房管组的顺序，依次进行放空。放空时，现场指挥员通知罐区保管员打开输油管线放空阀。司泵员应当密切注意放空罐的油面上升情况，防止溢油。放空完毕后，由现场指挥员通知各岗位作业人员关闭所有阀门并上锁。

（四）收尾阶段

卸油收尾阶段按照下列程序和要求进行。

（1）待达到规定的静置时间后，计量工测量接收油罐和放空罐油高、水高、油温、密度，核算收油数量。

（2）作业人员填写本岗位各种作业记录和设备运行记录。现场值班员填写"油品输送作业证"，经现场指挥员签字后，交业务部门留存。

（3）各岗位作业人员负责清理本岗位作业现场，整理归放工具，撤收消防器材，擦拭保养各种设备，清扫现场，切断电源，关锁门窗。

（4）运输管理人员通知调走空油船。

（5）现场指挥员进行作业讲评，并向库领导报告作业完成情况。

第三章　汽车油品装卸技术与管理

汽车装卸油区应布置在油库出入口附近的公路一侧，并尽量靠近公路干线，以便与公路干线衔接。该区是外来人员和车辆来往较多的区域，一般应设围墙与其他各区隔开，并应设单独的出入口，外来车辆可不驶入其他各区，出入方便，比较安全。在出入口处应设置业务室、休息室，外来人员只限在该区活动，更有利于安全管理。

汽车装卸油区的场地要根据来车的车型大小和来车量对行车线路进行规划倒车和回车面积，有条件时在出入口外边设停车场，条件不允许时应将道路适当加宽，以便待装车辆等候，有秩序地进入油库装油，不致使库内秩序混乱，也不致由于待装车辆停在公路上影响公共交通。

发油廊(棚)周围的场地、行车道等均应带有排水坡度，并在适当位置设置排水沟和集水井，以及给水阀、胶管接头(或消防栓)和阀门井，以便需要时连接胶管冲洗场地油污和排水。

油罐汽车的灌装作业比较简单，对于已实现自动灌装的油库就更加简单，通常程序如下。

(1)油罐汽车按规定行驶到装卸台前，发动机熄火后，油库的灌装工(或保管工)检查油罐汽车的油罐(特别是给飞机加油的油车)是否清洁，车内有无剩余油品，出油阀门是否关闭。如不符合要求，应立即进行处理，待符合要求后才准装油。

(2)灌装工(或保管员)向来购(领)油人员索取凭证，接好静电接地。

(3)插入鹤管至底部，罐口用石棉被盖好，以减少蒸发损耗，防止灰尘杂质落入罐内。

(4)待以上准备工作做好后，即可开始给油罐车装油。在灌装过程中，应注意流量表的读数，当快到所需加油数量时降低加油速度，到所需加油数量时立即停止，并记下加油数量。

(5)装油完毕抽出鹤管，盖好罐盖。

(6)填写好加油单，油罐车离开加油场地。

第一节 汽车油品装卸设计有关规定

一、GB 50074《石油库设计规范》有关规定

（1）向汽车油罐车灌装甲 B、乙、丙 A 类油品宜在装车棚（亭）内进行。甲 B、乙、丙 A 类油品可共用一个装车棚（亭）。

（2）汽车油罐车的油品灌装宜采用泵送装车方式。有地形高差可供利用时，宜采用储油罐直接自流装车方式。采用泵送灌装时，灌装泵可设置在灌装台下，并宜按一泵供一鹤位设置。

（3）汽车油罐车的油品装卸应有计量措施，计量精度应符合国家有关规定。

（4）汽车油罐车的油品灌装宜采用定量装车控制方式。

（5）汽车油罐车向卧式容器卸甲 B、乙、丙 A 类油品时，应采用密闭管道系统。

（6）灌装汽车罐车宜采用底部装车方式。

（7）当采用上装鹤管向汽车罐车灌装甲 B、乙、丙 A 类液体时，应采用能插到罐车底部的装车鹤管。鹤管内的液体流速，在鹤管口浸没于液体之前不应大于 $1m/s$，浸没于液体之后不应大于 $4.5m/s$。

（8）向汽车罐车灌装甲 B、乙 A 类液体和Ⅰ、Ⅱ级毒性液体应采用密闭装车方式，并应按现行国家标准 GB 50759—2012《油品装卸系统油气回收设施设计规范》的有关规定设置油气回收设施。

二、其他规范的规定

石油行业标准有关汽车灌装规定如下。

（1）甲、乙类油品与丙类油品的汽车灌装设施，宜分开设置。

（2）甲、乙类油品的灌桶，不得设置灌桶间。相同油品的灌桶设施宜与汽车油罐车的灌装设施合并设置。

（3）汽车油罐车的油品灌装宜在装油棚（亭）内进行，丙类油品的灌桶宜在灌桶间内进行。

（4）汽车装油棚（亭）的建筑设计，应满足下列要求：

① 装油棚（亭）应为单层建筑，并宜采用通过式；

② 装油棚（亭）的承重柱及灌油台，应采用混凝土结构；

③ 罩棚至地面的净空高度，应满足运油车灌装或灌桶的作业要求，且不得低于 $5.0m$；

④ 装油棚（亭）内的单车道宽度不得小于 4.0m，双车道宽度不得小于 7.0m；

⑤ 装油停车位的地面应高于周围地面，且不得存积雨水；

⑥ 装油站台应满足工艺设备的安装和操作要求。其台面高于地面不宜小于 1.8m，台面宽度不应小于 2.0m，台下的空间不得封闭。

（5）采用油泵灌装时，灌油泵可设在发油站台之下。灌油泵的数量宜按一泵供一鹤位设置。

（6）油品灌装应设计量装置，其计量误差不应大于 3.5‰。

（7）汽车油罐车的油品灌装，应采用自控定量灌装系统。

（8）灌装甲、乙类油品，不宜设置高架罐。

（9）汽车油罐车卸油必须采用带快速接头的密闭管道系统。

（10）甲、乙类油品灌装设施的供油管道上，应距鹤管 10m 以外设置紧急切断阀。

（11）每种油品的装油鹤位数可按下式确定。

$$N = \frac{Q}{q h_r k}$$

式中　N—— 每种油品的装油鹤位数，个；

Q——日设计装油能力，m^3/d；

q——一个装油鹤位的额定装油流量，m^3/h；

h_r——每日装油作业时间，h/d；

k——装车不均衡系数，一般取 0.65～0.85。

第二节　汽车发油亭（站）

发油亭的发展变化经历了房间式、站台式、圆亭式、独立式、穿过式等几个阶段。20 世纪 70 年代以前，油库新建或者利用原有房间和站台安装发油设施，给油罐汽车装油，采用手工测量罐内液位高度，利用油罐容积表和油品密度计算发油量；80 年代中后期以前，油库多新建站台式和圆亭式发油站台，采用流量计和规定油品密度计算发油量，并开始使用简易自控设备；20 世纪 90 年代后，油库多新建穿过式发油廊，工厂还生产了组装式钢结构单货位汽车发油台，大多数油库使用了计算机控制系统。

一、常见汽车发油亭（站）形式

国内常见的汽车发油亭（站）形式主要有直通式、圆盘式和倒车式三种。直通式有几条并列平行的车道，汽车可同时同向并列平行停在各车道上加油，车的进出干扰少，比较安全，加油效率高。圆盘式车道为环形，在车道中心建圆形或多边形的加油亭，多台汽车停靠同时加油，车的头尾相接，车辆进出有所干扰。倒车式的发油亭与直通式相同，但受场地的限制不能直行通过。车辆加油时倒入发油亭，加满后开出发油亭。倒车式发油亭的设计可参考直通式。三种形式比较起来，直通式较好，所以有条件者推荐选用直通式。

二、直通式汽车发油区平面布局

以下是几种最常见的直通式汽车发油站的平面布局。

（1）出入口在不同侧，加油车直行通过，见图3-1。

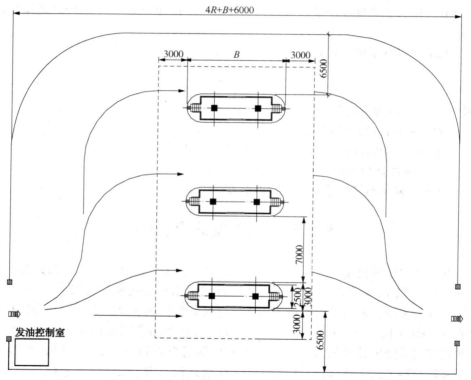

图3-1　平面布局一(出入口不同侧，直行通过)

（2）只有一个出入口，加油车在内部回车，见图3-2。

（3）两个出入口，加油车借用部分外部道路回车，占用场地较小，见图3-3。

图3-1至图3-3中尺寸单位为 mm，$B = 10$m，R 为汽车转弯半径，$R = 9$m。

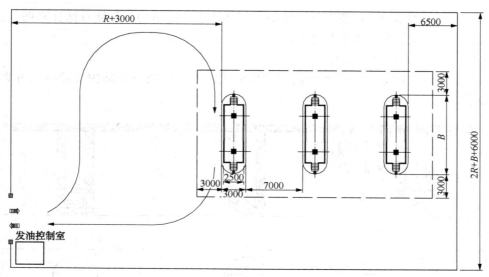

图 3-2 平面布局二(一个出入口，内部回车)

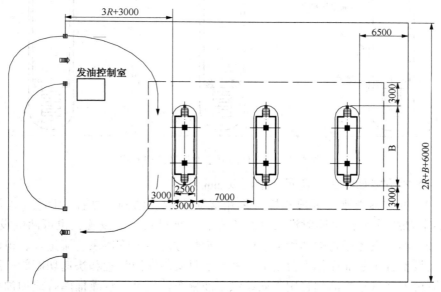

图 3-3 平面布局三(两个出入口，用部分外部道路)

三、典型发油亭(站)

发油亭与相邻建筑物、构筑物的防火距离应符合 GB 50074《石油库设计规范》有关规定。

发油廊的结构有钢筋混凝土结构、钢结构、网架结构；立柱有两柱和四柱；工艺设备多安装在操作平台之下。

（一）四立柱混凝土发油亭

图 3-4 是四立柱混凝土发油亭结构形式。四立柱混凝土结构发油亭的方案如下。

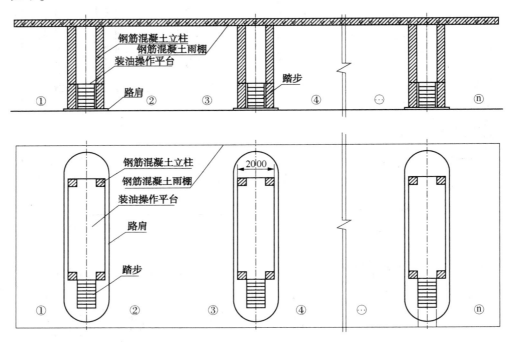

图 3-4　四立柱混凝土发油亭结构形式

（1）本方案如图 3-4 所示，单位以 mm 计。

（2）本方案雨棚为平顶式样，采用混凝土现浇结构，立柱为四柱（也可双柱），装油操作平台可同时灌装两台汽车，阶梯可在一端设置，也可两端设置。

（3）本方案考虑将输油管道、阀门、消气过滤器、管道泵、流量计、恒流阀等工艺设备置于装油操作平台之下，平台上只安装灌油装置和快速切断阀。灌油装置既可安装汽车灌油鹤管用于灌装汽车油罐车，也可安装灌桶鹤管或加油枪用来灌装油桶。

（4）将雨棚、立柱、装油操作平台等折合后可利用表 3-1 确定汽车零发油设施的建筑面积及建筑混凝土用量 G 和耗用钢材量 G_1。

表 3-1　建筑面积及耗材量

停车位数 n 车道	建筑面积（m²）	G（m³）	G₁（t）
6	142.50	93.48	15.11
8	204.98	124.64	21.73
10	267.45	155.80	28.35
12	329.93	186.96	34.83

（二）两柱钢结构发油亭

图 3-5 是两柱钢结构发油亭结构形式。

（1）本方案见图 3-5，单位以 mm 计。

（2）本方案雨棚为钢结构框架与金属板组装顶，由工厂预制运往现场组装。立柱为单支撑式圆柱，柱底带基座以便与混凝土基础连接，作混凝土基础时应预埋螺栓。阶梯、装油操作平台可为金属或混凝土材料，路肩采用混凝土浇筑。

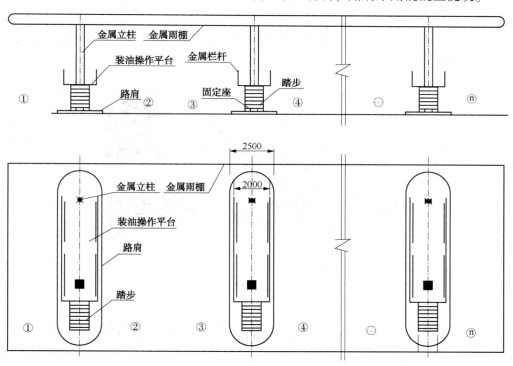

图 3-5　两柱钢结构发油亭的结构形式

（三）组装式钢结构单货位发油台

图 3-6 是组装式钢结构单货位发油台结构。

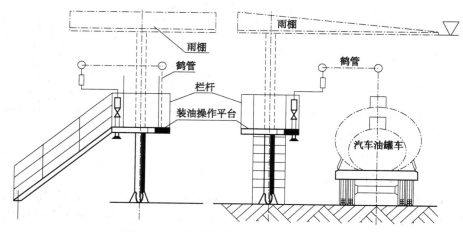

图 3-6 组装式钢结构单货位汽车发油台

（四）双柱钢筋混凝土结构发油亭

图 3-7 所示是某油库双柱钢筋混凝土结构发油亭的照片，此发油廊配备 12 位自动控制系统。

图 3-7 某油库双柱钢筋混凝土结构发油亭照片

第三节 汽车油品灌装工艺及自动控制系统

汽车油罐车装油方法根据地形条件的不同有自流装油和油泵输送装油两种方法。由于油罐汽车容量小，装油连续性不强，有地形条件可利用时，应采用自流灌装。在山区和丘陵地带，如地形选择得当，利用储油罐很容易实现自流作业。在平地若无地形可利用，一般应采用油泵输送装油方法。

自流装油时，若高差太大应考虑防止流速过大和水击问题，采用减压措施。

随着科学技术的发展，油库管理技术水平的提高，油库已采用了管道泵直接输送装油的工艺，省去了高架油罐，减少占地和基建费用，消除了一次"大呼吸"损耗。

油罐车装油多采用流量计等动态计量，一般是发油在 5000t/a 以上的油库应采用油料灌装自动化设备。油罐汽车装车量大于 $20×10^4$ t/a 的油库，应考虑油气回收装置；油罐汽车灌装汽油、煤油和轻柴油等时，应采用能插到油罐车底部的装油方式，或者采用下部装油的方式；流量表精度不低于 0.5 级，油品计量精度≤3.5%。

一、总工艺流程

总工艺流程包括向汽车油罐车发油及管道放空。一般从油泵出口或油罐（高位油罐）控制阀门算起，到汽车装油鹤管（灌装油桶嘴）接口法兰为止。发油工艺由鹤管、阀门、消气过滤器（或过滤器和气体分离器）、恒流阀、流量计、测温探头、电液阀、快速切断阀等组成，见图 3-8。

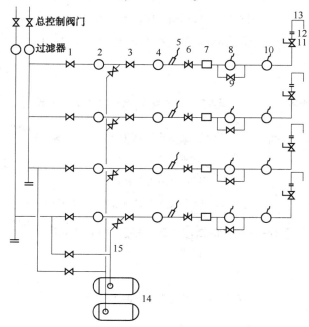

图 3-8　汽车发油工艺管道示意图

1—进口阀门；2—管道泵；3—出口阀门；4—消气过滤器；5—测温探头；6—恒流阀；7—管道式过滤器；
8—电液阀；9—旁通阀；10—流量计；11—快速切断阀；12—接口法兰；13—鹤管；
14—回空罐；15—回空管道

二、发油工艺流程

（1）发两种油品时，可根据使用要求切换鹤位，其工艺流程见图3-9。

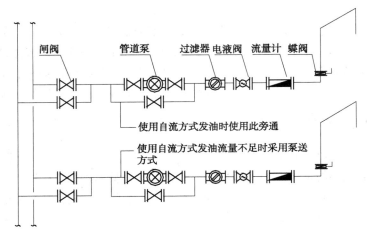

图 3-9　可切换鹤位发油工艺流程

（2）发油时，每个鹤位油品固定，其工艺流程见图3-10。

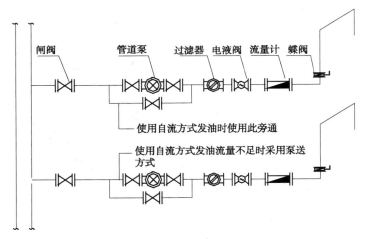

图 3-10　固定鹤位发油工艺流程

三、发油工艺设备布置

一般情况下多数设备均布置在操作平台下，平台上仅有流量计和快速切断阀。有些情况下流量计也可置于操作平台下，视具体使用要求和操作习惯定。常用布置方案举例如下。

（1）双柱平台双油品发油工艺设备布置方案，见图 3-11。

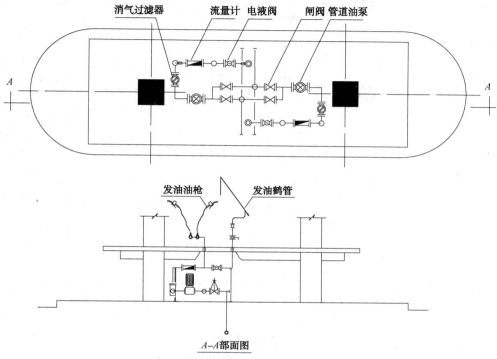

图 3-11　双柱平台双油品发油工艺设备布置

注：A—A 剖面只表示出一种油品的发油系统。

（2）四柱平台双油品发油工艺设备布置方案，见图 3-12。

四、轻油灌装自动控制系统

轻油灌装广泛采用了自动控制技术。目前轻油灌装自控系统种类较多，发展也很快，但其主要构成、原理及功能大同小异。

（一）轻油灌装自控系统组成

通用型轻油灌装自控装置为主要设备的油品灌装自控系统，由计算机、打印机、数据远传收发器、开票软件等构成开票机；由符合 STD 总线或 PC 总线标准的工业控制模板构成通用型轻油灌装自控装置。整个测控系统可同时独立控制 6~12 路发油，现场仪表由外部显示器、腰轮流量计、温度计、二段式电动调节阀或电磁阀、油泵、防静电接地钳等构成。工艺流程如图 3-13 和图 3-14 所示。

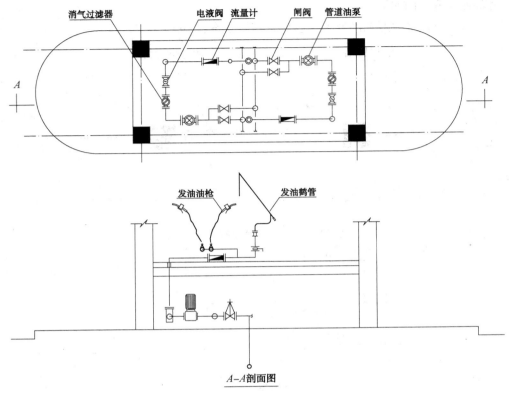

图 3-12 四柱平台双油品发油工艺设备布置

注：A—A 剖面只表示出一种油品的发油系统。

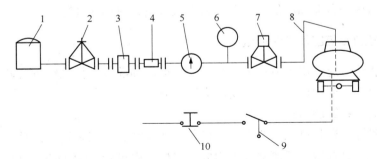

图 3-13 高位罐或气压罐发油系统工艺流程示意图

1—高位罐或气压罐；2—阀门；3—消气过滤器；4—恒流阀；5—流量计；
6—温度计；7—电动或液压阀；8—鹤管；9—静电连锁；10—溢油连锁

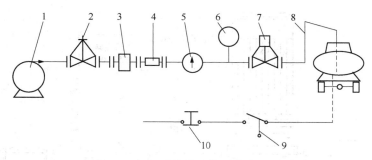

图 3-14　轻油灌装自控系统流程图

1—管道泵；2—阀门；3—消气过滤器；4—恒流阀；5—流量计；
6—温度计；7—电动或液压阀；8—鹤管；9—静电连锁；10—溢油连锁

（二）轻油灌装自控系统结构

通用型轻油灌装自控系统的原理是通过现场的一次仪表实时采集油品的体积流量、密度、温度、汽车油罐的接地电阻、液位、最高点状态等参数，并根据间接测量处理方法获得油品质量，从而在执行设备的配合下实现对各鹤位的灌装控制，并将实发数据回送给开票室计算机。其系统结构如图 3-15 所示。

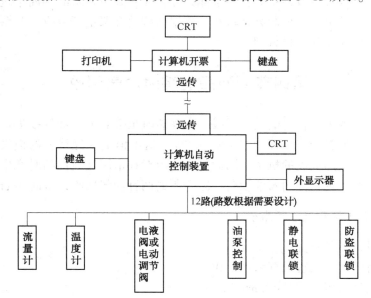

图 3-15　轻油灌装自控系统结构图

（三）定量灌装系统主要设备组成及控制关系

定量灌装系统主要设备组成及控制关系，见图 3-16。

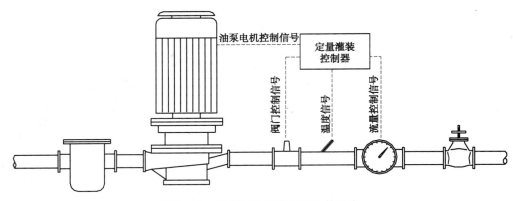

图 3-16　定量灌装系统主要设备组成

（四）控制系统的工作流程

领油人员在业务室办理领袖手续，即业务室计算机录入发油数据（领油依据、领油单位、油品、数量、车牌号等），打印出发油凭证，并自动将发油数据通过远传收发器送到控制装置。领油车到发油现场后，控制室根据发油凭证和控制装置接收到的数据进行自动核对，正确无误后，才对到位就绪的领油车进行自动控制发油。发油结束后，控制装置将实发数据回传给开票室开票机，开票机接收数据并自动完成存储和账目管理。

第四节　油品灌装时油气回收

油品在油罐中储存时的大小呼吸，在灌装时也会有大量油气损失，据资料介绍汽油等轻质油料油气损耗约占 1%~1.2%。这不但造成经济上的损失，而且造成环境污染，增加火灾的机率。因此各大城市对在市区灌装油品时产生油气的控制越来越严格。现将国内石油设备厂家研制的两种油气回收设备简述如下。

一、YQH 型油气回收系统

装置设计技术特性：

（1）有效运行处理油气浓度>10%。

（2）处理后尾气浓度<25mg/L。

（3）油气回收率≥98%。

（4）装置运行产生的静电电位<10V。

装置规格型号，见表 3-2。

表 3-2　装置规格型号表

装置型号	额定处理量 （m³/h）	功耗 （kW）	年回收能力 （t）	适用场合
YQH-100	100	70	250	中小型油库
YQH-200	200	90	250~550	年周转量 20~45 万吨级油库
YQH-300	300	120	375~750	年周转量 30~60 万吨级油库
YQH-450	450	150	560~1125	年周转量 45~90 万吨级油库
YQH-600	600	200	750~1500	年周转量 60~120 万吨级油库

二、涡轮膨胀制冷式油气回收装置

装置主要性能：

（1）处理量：400、850m³/h。

（2）回收率：≥90%~98%。

（3）耗电量：40、80kW/h。

（4）运行费用：≤（10~15）万元/a。

（5）设备投资：（150~300）万元。

（6）投资回收期：约 0.5 年。

（7）总质量：5000kg。

主要技术性能参数，见表 3-3。

表 3-3　涡轮膨胀制冷式油气回收装置主要技术性能参数表

	技术性能参数	VW-6/6 型	VW-14/6 型
油气压缩机组橇装	型号		
	结构形式	V 形无润滑水冷活塞式	V 形无润滑水冷活塞式
	公称容积量（m³/min）	6	14
	吸气压力(MPa)	常压	常压
	排气压力(MPa)	0.6	0.6
	吸气温度（℃）	≤40	≤40
	排气温度（℃）	≤45	≤45
	配备动力	防爆电机 37kW，dIIBT₄，380V/50Hz	防爆电机 75kW，dIIBT₄，380V/50Hz
	噪声声功率级 dB（A）	≤85	≤85
	振动强度	≤28	≤28

续表

技术性能参数		VW-6/6 型	VW-14/6 型
油气压缩机组橇装	自动控制	防爆仪表箱、防爆电器控制柜，防爆等级 dIIBT₄，油、水压低自动报警、停机，超压自动报警、停机	防爆仪表箱、防爆电器控制柜，防爆等级 dIIBT₄，油、水压低自动报警、停机，超压自动报警、停机
	橇装外形尺寸（长×宽×高）（mm×mm×mm）	2800×1800×1500	3200×2000×1800
	质量（kg）	2000	3000
	整机防护	橇装式整机防护罩	橇装式整机防护罩
油气回收机组橇装	处理量（m³）	360m³/h，8640m³/d	840m³/h，20000m³/d
	油气回收率（%）	≥90%~98%	≥90%~98%
	制冷温度（℃）	−85~−45	−85~−45
	能耗（kW·h/m³）	0.11	0.11
	二次污染	无	无
	橇装外形尺寸（长×宽×高）（mm×mm×mm）	2940×1390×1850	3200×1800×2000
	质量（kg）	1000	1500

第五节　汽车油品装卸设备设施及使用维护

一、汽车油罐车装油与灌桶鹤管及使用维护

（一）汽车油罐车装油鹤管

汽车油罐车装油鹤管的组成和结构与铁路油罐车装卸油鹤管基本相同，其公称直径一般为 80mm。

1. 油罐汽车顶部装油鹤管

油罐汽车顶部鹤管由接口法兰、回转器、平衡器、外臂和垂直管等组成，最大工作长度 2.7m，见图 3-17。这种鹤管结构简单，操作灵活方便，可以倒装（图中虚线部分），是油库常用汽车装油鹤管。

2. 汽车油罐车密闭装油鹤管

鹤管由液位控制箱、气体软管、气缸操纵阀、液面探头和平衡器等组成，见图 3-18。其最大优点是减少油气向大气排放，符合环保要求，有利于作业人员

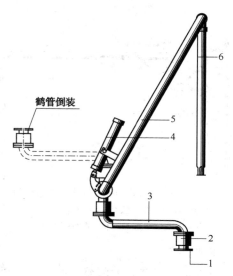

图 3-17　轻质油品油罐汽车顶部装油鹤管

1—接口法兰；2—回转器；3—内臂；4—平衡器；5—外臂；6—垂直管

的健康，是汽车装油的发展方向。但需要增设油气回收装置，投资较大。发油量 $20×10^4$ t 以上的油库采用密闭装油和油气回收装置有显著的经济效益。

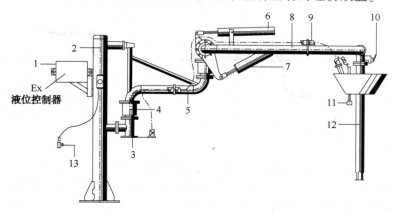

图 3-18　油罐汽车密闭装油鹤管

1—液位控制箱；2—立柱；3—法兰接口；4—回转器；5—内臂；6—平衡器；7—气缸；8—外臂；
9—气体软管；10—气缸操纵阀；11—液面探头；12—垂直管；13—气源总阀（带内螺纹）

3. 轻质油品油罐汽车防溢装油鹤管

鹤管由液位控制箱、回转器、平衡器、液面探头、外臂锁紧机构等组成，最大工作长度 1.9m，旋转 180°，见图 3-19。其优点是可防止溢油，减少溢油事故的发生。

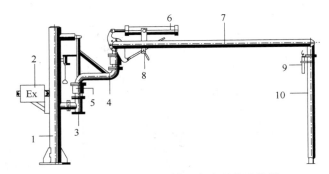

图 3-19　轻质油品油罐汽车防溢装油鹤管

1—立柱；2—液位控制箱；3—接口法兰；4—回转器；5—内臂；6—平衡器；

7—外臂；8—外臂锁紧机构；9—液面探头；10—垂直管

4. 汽车油罐车底部装油鹤管

鹤管由接口法兰、回转器、内臂、平衡器、外臂、支承弹簧和快速接头等组成，最大工作长度 2.9m，见图 3-20。其特点是结构简单、操作方便，可以省掉装油作业站，投资少，减少了静电的产生和积聚，有利于安全管理，是汽车装油的发展方向。

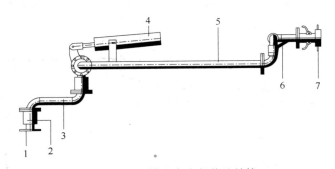

图 3-20　油罐汽车底部装油鹤管

1—接口法兰；2—回转器；3—内臂；4—平衡器；5—外臂；6—支承弹簧；7—快速接头

（二）灌桶鹤管及耐油橡胶管和加油枪

灌桶鹤管一般用于给汽车装载油桶装油，其结构简单，操作灵活，见图 3-21。耐油胶管和加油枪可给汽车装载油桶装油，也可用于站台（场地）摆放油桶装油，见图 3-22。

（三）鹤管的使用维护

鹤管的使用维护可参照本书第一章第四节的相关内容进行，此处不再重复。

图 3-21　灌桶鹤管

1—接口法兰；2—回转器；3—平衡器；

4—内臂；5—钢管外臂

图 3-22　耐油胶管和加油枪

1—球阀；2—软管外臂；3—铝管

二、GF 型汽车鹤管干式分离阀及使用维护

GF 型汽车鹤管干式分离阀是一种快速接头式阀门。具有快速结合与快速分离的特点，特别在快速分离的过程中两端都能自动封闭，基本做到零泄漏。该阀主要用于底部装卸油的汽车油罐车的管道连接。其安装见图 3-23，安装尺寸见表 3-4。

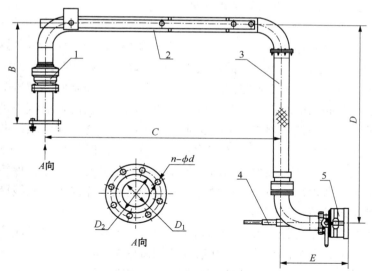

图 3-23　GF 型汽车鹤管干式分离阀安装示意图

1—回转器；2—水平臂；3—金属软管；4—手把；5—干式分离阀

表 3-4　GF 型汽车鹤管干式分离阀安装尺寸表　　　单位：mm

型号	B	C	D	D_1	D_2	$n-\phi d$	E
AL2504	750	1700	1500	$\phi 100$	$\phi 180$	$8-\phi 18$	490

注：B、C、D 尺寸可以根据客户需求加工。

该设备使用简便易行，只需将图 3-23 中的 5-干式分离阀与能在底部装卸油的汽车油罐车的管道相连接即可运行。

该设备的维护主要是对回转器和干式分离阀的保养与检修。回转器的保养与检修比较容易，主要是保证其转动灵活，密封部位严密不渗漏，通常油库检修间的工人即可承担这个任务。干式分离阀是生产厂家加工精密的部件，通常不会有故障，发生故障时应请生产厂家来检修，或更换新的部件。

三、电液阀及使用维护

DYF 系列多功能电液阀是用电磁先导阀门控制膜片运动的液动阀。该系列电磁阀能手动控制和自动控制。由控制器控制时，能进行自动调节，实现恒流，多级开闭阀门，消除水击现象。电磁阀适用于石油、化工行业，以实现对输送介质的流量、流速的自动控制。电磁阀运行稳定可靠，开闭灵活，维修简单，使用寿命大于 10×10^4 次，防爆等级 $Exd \, II \, BT_4$。

（一）电液阀的工作原理与安装使用

1. 电液阀工作原理

DYF 系列多功能电液阀由主阀、一只常开电磁阀（与 3/8in 的一只小球阀串联）、一只常闭电磁阀（与 3/8in 的一只小球阀串联）组成，见图 3-24。电磁阀技术数据见表 3-5。常开电磁阀和常闭电磁阀分别安装在控制回路逆流部位和顺流部位，各自控制阀门的动作。在两只电磁阀的激励下，高的逆流压力被堵塞，允许阀壳里的介质流向低的顺流压力处，则打开主阀。反之，在消除掉两只电磁阀的激励时，允许高的逆流压力去关闭主阀门。在流动过程中，常开阀线圈通电，压力截聚在阀套中，从而使得阀门由液压锁定在固定的打开位置，保持了一个恒定流量。当工作条件变化而引起流量变化时，控制器给相应电磁阀线圈通电，就能重新调到设定的流量值。

DYF 系列多功能电液阀在控制回路中装有两只球阀作为主阀的响应阀。根据介质黏度和压力，调整两只球阀的开启度就能微调主阀的开闭时间。另外，在阀体出口处背后装有 3/8in 一只球阀，当断电或电磁阀不能工作时，可以使用这只球阀手动开闭主阀。

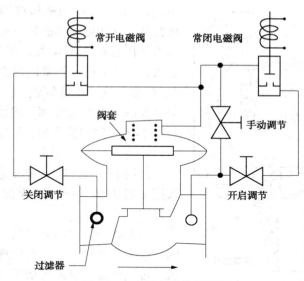

图 3-24 电液阀结构原理图

表 3-5 电磁阀技术数据

项目	DYF-6	DYF-10
工作介质	气体、石油产品、化学品	
介质温度(℃)	25～150	50～120
工作压力(MPa)	0.01～0.6	0.01～1.0
电源电压(V)	AC：220(±10%)；DC：24(±10%)	
最大电流(mA)	AC：50×2；DC：500×2	
功耗	AC：220V-22W；DC：24V-12W	
公称通径(mm)	40、50、80、100	
工作寿命(次)	>100000	

2. 电液阀安装过程

（1）设备验收。收到设备后，应立即检查外包装箱，查看装运过程中是否有损坏。把设备小心地从包装箱中搬出，检查是否有部件损坏或残缺，检查装箱单与实物是否一致，与订购的型号、参数是否一致。

（2）电液阀安装。在安装电液阀时，根据阀体上的流向标志，确保正确流向。新管线安装电液阀时，应先冲洗管道，后安装电液阀（电液阀不宜浸泡在水中），以免焊渣及杂物卡堵。

（3）电气安装。打开接线盒，有如图 3-25 所示接线排。常开电磁阀线圈一

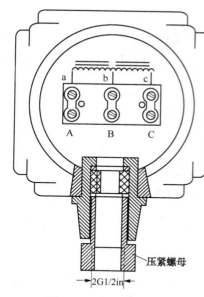

图 3-25　电磁阀接线图

条线接"a"，常闭电磁阀线圈一条线接"c"，将常开、常闭电磁阀的另一条线合并接"b"。如果使用直流 24V 电源，磁线圈，A、C 接正极，B 接负极。如果使用交流 220V 电源，A、C 接火线，B 接零线。如果控制器不能分别控制二组电磁线圈，可将 A、C 合并后与 B 接入控制器输出端，旋紧压紧螺母。

3. 电液阀操作使用

使用 DYF 系列阀，系统最初启动时，建议按下列步骤进行，以确保系统工作稳定正常。

（1）必须把主阀套内的空气都排掉。否则，阀在工作时，可能会出现不稳定或不灵敏。排气可通过对系统增压并松开阀套上最高的排气塞直至所有的空气都排出。安装在管横向道上的电液阀，通常在阀经过几次启动后，阀套内的全部空气将会自动排出。

（2）将限定流量正确地设定在控制器中，以防止仪表超速，并可调节阀的流量。

（3）先用手动开闭检查是否正常。将背后手动控制阀转 90°，即全部开启，再复位。

（4）设定一个小的发送量。对电磁圈通电，启动系统发送介质。观察开启速度、关闭速度、流量是否稳定。如不理想，可微调、关闭、开启调节阀，以后电脑直接进行调整。

（5）如果管路介质流速不高（10L/s 左右），建议可按以下方法调试：将主阀中空气排掉→开启调节球阀、关闭调节球阀全部打开（出厂时已调好）→设定发送量并发送，观察开启、关闭速度是否满意→如果关阀太快，管道发生震动，调小关闭球阀或电脑直接进行调整。

（二）电液阀的维护检查

1. 日常检查

（1）作业前检查主管道及辅助铜管接头有无渗漏。

（2）检查接线有无损坏。

（3）检查流量压力是否正常。

（4）检查电磁阀有无异常响声。

2．月检查

（1）日常检查的内容。

（2）打开压盖检查接线有无老化破损现象。

（3）检查两个电磁阀和3个手动阀开启灵活与否。

（4）检查配套设备的性能。

3．常见故障与处理

常见故障与处理见表3-6。

表3-6　电液阀常见故障与处理

故障现象	故障原因	处理方法
无流量或低流量	接线故障	检查接线
	控制器无输出	检查输出电压
	泵没有压力	启动泵
	上流的阀关闭	打开阀
	开启调节球阀关闭	打开球阀
	主阀膜片损坏	检查膜片
	管道滤网堵塞	目检
	常闭电磁线圈损坏	测试并更换
不正常或不稳定	介质压力波动	稳定系统
	控制器流量设定不正确	进行正确设定
	接线松动	重新接线
	电磁线圈接线接反	调整接线
主阀关闭早	控制器零调节太早	重新校正
	常开电磁泄漏	测试并更换
	膜片泄漏	更换膜片
阀关闭迟	关闭调节球阀几乎关闭	进一步打开球阀
	控制器最后的零位调节太迟	重新校调
阀不会关闭	手动调节球阀打开	关闭球阀
	关闭调节球阀关闭	打开球阀
	常开电磁阀打不开	测试并更换
	常闭电磁阀不关闭	测试并更换
	阀的滤网堵塞	检查滤网
启动时管道震动	主阀关闭太快	慢慢关小
下流系统压力高	主阀泄漏	根据需要维修

（三）电液阀检修周期与内容

1. 小修项目

小修一般运行 2000~2500 h 后进行。

（1）打开阀门顶盖，清洁膜片上下杂质。

（2）检查辅助管路，清理管内杂质。

（3）清理管路过滤器。

（4）开关手动球阀检查性能。

（5）检查防爆密封压盖胶皮圈是否破损。

2. 大修项目

大修一般 8000~10000 h 后进行。

（1）包括小修项目。

（2）解体检查电磁阀阀芯钢体磨损情况。

（3）检查更换过滤器网。

（4）检查手动控制球阀。

（5）检查膜片及导杆、弹簧，必要时更换。

（6）检查防爆接线有无老化及接触不良。

（7）防爆密封胶圈垫更换。

（四）电液阀检修技术规定

1. 检修前准备

（1）掌握运行情况，备齐必要的图纸资料。

（2）备齐检修工具、配件及材料。

（3）切断电源及设备与系统的联系，回空管线，符合安全检修条件。

2. 拆除与检查

（1）拆卸法兰放空阀内油料，折下电液阀，移至安全场所。

（2）拆卸和顶盖相关的辅助铜管路。

（3）拆卸顶盖检查膜片、弹簧、导杆。

（4）拆卸辅助铜管，检查手动阀和管路过滤器等。

（5）拆卸电磁阀线圈，检查线圈、压片、阀芯磨损情况。

（6）拆下接线板，检查是否老化。

（五）电液阀检修质量标准

1. 膜片

（1）膜片表面无伤痕，橡胶无老化，密封性良好。

（2）膜片配套导杆等附件齐全完好。

（3）膜片弹性良好。

2. 阀体

（1）阀体无裂纹，无严重磨损。

（2）阀体法兰密封面应无明显伤痕。

（3）阀体上螺纹无损坏。

3. 液压管路

（1）管路密封不渗漏。

（2）过滤网目数正确，无破损，不粘杂质。

（3）手动球阀性能良好。

4. 电磁系统

（1）接线防爆密封良好。

（2）电磁阀线圈磁力良好。

（3）电磁阀阀芯面无损坏，阀舌无磨损。

（六）电液阀试运转与验收

（1）开启控制主机和手动流量计传感器，使阀空载试车。

（2）负荷试车应符合以下条件。

① 阀门运转正常，流量稳定。

② 电磁阀无异常响声、振动。

③ 阀门开闭时机适当。

④ 阀门管路连接处无渗漏。

⑤ 阀门防爆接线合格。

（3）验收：

① 检修质量符合规定，检修及试运转记录齐全、准确。

② 试运行良好，各项技术指标达到技术要求。

③ 试运行 8h 合格后，按规定办理验收手续，移交生产。

四、恒流阀及使用维护

（一）恒流阀的作用

恒流阀是在管道内压力波动的情况下，也能保持管道流量恒定的一种自动调节阀。在计量油品的管路中装上恒流阀，能使流量计在稳定的流量下工作，从而使油品计量的精度显著提高，也能防止由于管道内流量突然增大损坏流量计的事故发生。特别是在由一条主管道，供应分别操作的两条支管道的情况下，常常由于一个支管道的关闭引起另一支管道流量剧增，轻则使计量不准，缩短流量计寿命，严重的会使流量计立即损坏或造成溢油事故。在这种情况下应在支路上安装恒流阀。

（二）恒流阀的工作原理

根据伯努利原理，设管道内的流体通过节流孔板的流量为 Q，则以下方程式成立。

$$Q = \alpha A \sqrt{2\Delta p \div \rho}$$

式中　A——孔板流通面积；

　　　 p——孔板两边的压差；

　　　 ρ——介质密度；

　　　 α——流量系数。

当管道、介质和孔板不变时，A、ρ、α 均为常数，故 $Q=f(\Delta p)$，只要使 Δp 保持不变则流量 Q 就能保持稳定。这就是恒流阀的基本工作原理。在恒流阀中如何使 ΔP 保持不变呢？图 3-26 中，在恒流阀中有节流孔板 1 与通道之间形成的节流断面 A，阀芯与出口通道形成的节流断面 f。流体从进口端入阀体，经断面 A 和断面 f 方能到达出口。流体流经断面 A 时形成压差 Δp，此时节流孔板所受到的总压力 $F = \Delta p \cdot S$（S 为节流孔板受力面积），在管道内流量等于设定流量时，力 F 与弹簧 2 的作用力平衡，当流经阀体的流量增大时，节流孔板 1 两边的压差 Δp 也增大，使节流孔板所受总压力增大并压缩弹簧 2，阀芯往左移动，此时断面 A 保持不变，而断面 f 减小，因而节流孔板 1 在新位置上保持平衡，Δp 值基本保持不变（主要与预先设定的弹簧力有关）。根据前面所述流量 $Q=f(\Delta p)$，故通过管道的流量保持不变。

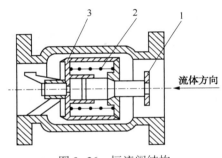

图 3-26　恒流阀结构
1—节流孔板；2—弹簧；3—阀芯

在实际使用中只要保持恒流阀两端压差在"适用压差"范围内，就能保证流体以稳定的"设定流量"通过管道，达到恒流的要求。

（三）恒流阀安装注意事项

恒流阀安装示意图见图 3-27。

安装注意事项如下：

（1）去掉包装和封口膜，用煤油或汽油（或适当的清洗剂）将恒流阀内外清洗干净。

（2）清洗过程中用手推节流孔板，应当能感到阻尼作用又能均匀移动，手松

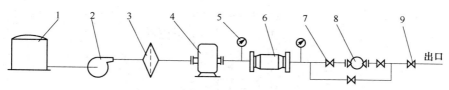

图 3-27　恒流阀安装示意图

1—油罐；2—油泵；3—过滤器；4—消气器；5—压力表；6—恒流阀；
7—阀门；8—流量计；9—快速切断阀门

开后节流孔板应能平稳地回到原来位置，如有卡涩现象，则可多推动节流孔板几次，一般即可恢复正常，否则应将恒流阀出口端的弹簧挡圈取掉，取出阀芯作进一步检查。

（3）根据输油压力（或"落差"）选择适当型号的恒流阀。一般情况下，只要恒流阀的公称通径、公称压力、介质与所选流量计一致即可，也允许恒流阀的公称压力高于流量计的额定压力。

（4）安装中注意，恒流阀外壳上的箭头应与流体方向一致。

（5）恒流阀在管线中的安装位置应在流量计入口端（也可安在出口端）。

（6）应当使用离心泵输油（也可用高位储油罐的落差输油）。

五、消气过滤器及使用维护

消气过滤器是为流量计配套而设计的产品，其作用是保证流量计的计量精度，延长其使用寿命，它将过滤与消气合二为一，既节约了材料，又便于安装，广泛用于成品油计量系统。

（一）消气过滤器工作原理

当液体通过进口管流入消气过滤器后，通过安装在内筒中的过滤网将液体中所含的固体杂质清除掉，同时，液体撞击斜挡板，油流分散并改变其方向，液体中的自由气和部分溶解气逸出，升到消气过滤器的顶部形成一个气体空间，出现油气界面，随着气体空间的扩大，油气界面下降，当下降到一定程度时，浮球装置开始动作，打开排气阀，气体排出；随着气体的排出，油气界面上升，气体空间缩小，浮球装置动作，关闭排气阀，完成一次排气。这样通过消气过滤器达到了气、液、固三者分离的目的。正常工作时，安全阀处于常开状态，遇故障应及时关闭安全阀，以免溢油。

消气过滤器的结构简图见图 3-28。

（二）消气过滤器技术数据

消气过滤器技术数据见表 3-7。

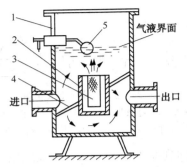

图 3-28　消气过滤器结构简图

1—外筒；2—内筒；3—过滤网；4—斜板；5—浮球装置

表 3-7　消气过滤器技术数据

型号	公称直径（mm）	使用温度（℃）	工作压力（MPa）	使用介质	流量范围（m³/h）	连接方式
XG-40	40		0.4	汽油	3.2~16	
XG-80	80	40~60	0.6	煤油	12~60	法兰连接
XG-100	100		1.0	柴油	20~80	

（三）消气过滤器安装和维护使用

消气过滤器安装示意图见图 3-29。

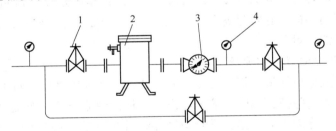

图 3-29　消气过滤器安装示意图

1—阀门；2—消气过滤器；3—流量计；4—压力表

（1）消气过滤器必须安装在流量计进口的前端，其方向一定要遵照指示铭牌所规定的方向，不得装反。

（2）安装时不得产生倾斜现象，以免浮球装置不便动作。

（3）使用过程中，有时会出现随气体跑出油沫，属于正常现象。

（4）当油嘴有大量的油喷出时，表明其内部的浮球装置失灵，可暂将浮球装置上的阀门关闭，保证系统不停顿。

（5）尽可能在主管路上加旁通路，便于检修，不至于影响管路系统的使用。

（6）消气过滤器必须定期清洗过滤网，并检查浮球阀有无堵塞迹象，过滤网一旦损坏，必须更换。

（7）更换过滤网时，先将螺栓松脱，取掉压板，然后将浮球装置上的锁紧螺母退出，取出阀座和浮球，然后取出过滤网。

六、大排量正负压气液分离装置及使用维护

（一）性能特点

QYFL-0.25~1.6型大排量正负压气液分离装置适合于多种工作状况，如闭路打循环、扫底油、负压条件。其主要性能特点：

（1）气液分离装置安装完毕后，不需人为的任何操作，它能自动进行排气输液作业。

（2）装置排气完毕液体进入装置后，排气器会自动关闭排气阻液阀，使液体不会通过排气阻液阀流出系统外；当装置内液位很低时，排液阻气阀处于关闭状态，装置出液口后边的系统设备中气体不会进入。

（3）该装置的进出口法兰可按用户要求制作。

（4）装置动作灵敏，工作可靠。

（二）工作原理和结构

1. 工作原理

当油泵启动（或较长输油管道输油）并运转时，油和气一起进入装置体腔内，液体在重力作用下处于体腔内下方，气体处于上方，排气阻液阀在重力（浮子机构等重力）的作用下处于开启状态，而排液阻气阀处于关闭状态，此时装置处于排气阶段，随着体腔内液位不断上升，在液体浮力的作用下，关闭排气阻液阀，同时开启排液阻气阀，若体腔内气体再次增多，液位必然下降，下降到一定位置，排气阻液阀在浮子重力的作用下又会被打开，装置上方排气的同时下方液体仍可继续输送，实现了在线排气，即气液分离的功能。

2. 结构

QYFL-0.25~1.6型大排量正负压气液分离装置由排气阻液阀、排液阻气阀、消气泡装置、液位检测机构（浮子及壳体结构）等组成，见图3-30。

3. 技术参数

适用于汽油、煤油、柴油、食用油及其他轻质无腐蚀性液体的输送系统。

（1）适用温度：-41~121℃。

（2）工作压力：0.25~1.6MPa。

（3）公称通径：DN25、DN60、DN100。

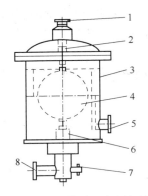

图3-30 大排量正负压气液
分离装置结构

1—排气口；2—排气阻液阀；3—
壳体；4—浮子；5—入口；6—排
液阻气阀；7—底阀；8—出口

4. 操作使用

（1）装置的安装位置应处于灌装器的排液、气口与油泵之间，即装置入口接灌装器的排液、气口，出口接泵的入口。安装方向一定要垂直排气口向上，并应牢固。

（2）在使用过程中，如发现排气阻液阀密封不严有液体溢出和排液阻气阀密封不严有气吸入应及时与生产厂家联系，更换排气阻液阀或排液阻气阀总成。

（3）当使用后或检修时，顺时针转动底油阀手柄至竖直位置即可放空装置内的底油，使用装置前必须检查该手柄是否处于水平状态，否则，应将其逆时针旋转到关闭位置。

（三）检查维护

此装置的检查维护可参照消气过滤器进行。

七、流量计及使用维护

流量计主要有腰轮流量计、椭圆流量计、圆盘流量计、涡轮流量计、质量流量计等。其中腰轮流量计油库使用较多，进口质量流量计也有使用的，但国内生产的质量流量计尚存在一定缺点，未发现在油库中使用。

（一）LL型腰轮流量计的工作原理与结构

LL型腰轮流量计是用于精确测量流经管道的液体的体积数量的一种计量仪表。根据所测液体的不同（如烃类石油产品、有机溶液、酸、碱、盐类等）流量计可选用不同的材料制造；根据不同的使用要求可以实现电远传集中控制，现场测量和自动定量控制等。

1. 主要技术数据

（1）公称口径系列见表3-8。

（2）流量范围见表3-8。

（3）基本误差限±1%、±0.5%、±0.20%。

（4）被测介质的黏度0.3~150 mPa·s见表3-8。

（5）最大工作压力：160、250、400、600、1000、1600、2500、4000kPa。

（6）其余的技术数据详见流量计标牌或专用说明书。

表 3-8　腰轮流量计技术数据

基本误差限	±1%	±0.50%		±0.20%	
黏度(mPa·s)	0.6~3.0	0.6~3.0	3.0~150	0.6~3.0	3.0~150
公称通径(mm)	流量范围(m³/h)				
20	0.6~3	0.5~2.5	0.25~2.5	0.6~2.2	0.5~2.5
40	2.4~24	3.2~16	1.6~16	4~14.4	3.2~16
50		5~25	2.5~25	6.3~22.5	5~25
80	6~60	12~60	6~60	15~54	1.2~60
100	10~100	20~100	10~100	25~90	20~100
150		50~250	25~250	63~225	50~250

注：（1）流量计用于连续运转使用的流量为额定流量，其数值为上表中最大流量乘以 0.6~0.8 范围内。

（2）流量计的最大流量是适应流量计工作中出现的流量突然增大而使用的，只能短时或瞬时使用。

2. 工作原理

当液体流入计量室后，输送压力 p 作用在腰轮上，$p_入 > p_出$，使之产生转矩而转动，两只腰轮则通过一对导向齿轮的相互啮合，保持其相应位置，当一只腰轮受力平衡时，另一只腰轮则处在转矩最大的时候，它的转动通过导向齿轮，带动平衡的腰轮同时转动，并进出"月牙"形空间的液体，如图 3-31(a)、(c)，当腰轮转到图 3-31(b)、(d)位置时，两只腰轮受力转动。这样在液体的推动下，两只腰轮交错地转动，各转动一周，共被送出四个"月牙"形空间的体积，而腰轮转动的周数，通过齿轮传动，密封减速机构，带动积算、指示装置动作，便可读出流过管道的液体体积数量。

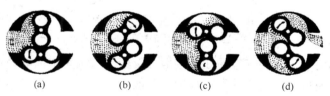

(a)　　　　(b)　　　　(c)　　　　(d)

图 3-31　腰轮流量计工作原理图

3. 结构简图

腰轮流量计结构见图 3-32。

（二）流量计安装使用要求

流量计安装要求见图 3-33。

（1）流量计安装的管道系统，必须避免气体或油气进入系统，因此要求管道系统中，联结部分、阀门间隙、泵轴的密封等都不得漏气，管网中尽量不要有高

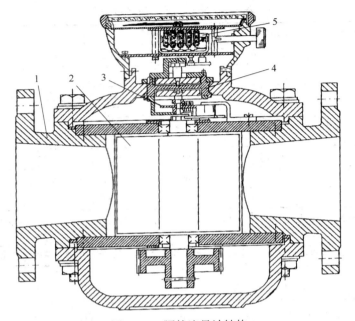

图 3-32　腰轮流量计结构

1—计量室外壳；2—腰轮；3—磁性联轴器；4—减速机构；5—积累、指示部分

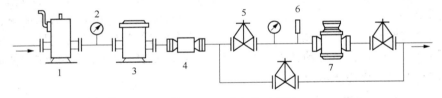

图 3-33　流量计安装示意图

1—气体分离器；2—压力表；3—过滤器；4—恒流阀或孔板；5—阀门；6—温度计；7—流量计

点和气室，因为空气和油气容易在这些地方集聚，当流量增大时，产生涡流，容易把气体带入流量计中造成计量不准确，一般情况下要求在流量计的前面安装气体分离器。

　　（2）由于流量计是精密测量仪表，计量室内检测元件间隙很小，如果液体中带有较大的颗粒杂质会严重影响流量计的正常使用，造成卡死或早期磨损，所以在流量计的前面必须安装合适的可靠的过滤器，还应定期进行清洗。视被测介质的清洁度，选用过滤网为 60~200 目/in 的铜丝网。在管线使用中应考虑加上沉渣器、水吸收器等保护性设备。

　　（3）流量计在压力波动较大有过载冲击、水击等的条件下工作，管道网系统中应安装缓冲罐、膨胀室、安全阀等保护装置。

（4）流量计的安装必须做到横平竖直，尽量使罗茨轮转轴与地面平行，流量计不应承受管线的膨胀、收缩、变形和振动，并防止系统由于阀门原管道设计安装不合理，产生的系统振动特别是要避免谐振，否则会严重影响流量计的使用，甚至造成破坏。

（5）当管道中的流量大于流量计所容许的流量范围时，应将流量计并联成组安装，这种方法特别适合连续计量的要求。使平均流经每只流量计的流量小于流量计的额定流量。

（6）在流量计的下游（也可在上游）端，应安装某种自动流量控制设备，如恒流阀或节流孔板，保证被测介质流量不得超过流量计的额定流量。

（7）流量计安装使用中，阀门的开启和关闭应可靠平稳。

（8）在靠近流量计的两端最好安装一只反应灵敏、准确的温度计，以便确定被测液体的温度进行补偿，同时应安装压力表（误差在满刻度 1.5% 内）以测定流量计工作中的压力。

（9）在一只流量计或一组流量计旁通应设一条管道，同时安上阀门，便于维护时拆装流量计而不影响管路系统的使用。有条件的地方可安设一套流量计标定设备（标定罐或标准体积管），可随时进行流量计精确度的检查，保证流量计正常工作。

（10）每安装新流量计前，应对管路进行严格的清洗，以防电焊渣、切削渣等类杂物随液体进入流量计造成危害。

（11）流量计停用时，积存在流量计内的被测液体由计量室上下两个放油螺孔放出，然后采用可靠的防锈措施，如灌油等妥善管理。如果在库内储存，应放置在干燥无腐蚀性气体的地方，室内相对湿度≤80%，温度 0～40℃。

（12）新安装流量计、经拆装维修后的流量计、在使用中的流量计应按国家对计量器具的检定要求定期、按时进行检定。

（三）流量计的检查维护

1. 日常检查

（1）流量计本体及连接有无渗漏。

（2）运转是否平稳、正常，有无异音。

（3）流量计是否在规定的流量和压力范围内工作（过载能力允许超过 20%，但不得超过 30min）。

（4）清洁维护。

2. 每季检查

（1）包括日常检查内容。

（2）检查安装螺栓有无松动。

（3）检查、清洗过滤器。

3. 每半年检查

（1）包括季度检查内容。

（2）清理并检验过滤器的前后压差不超过0.15MPa。

（3）结合校验进行检修、调整。

4. 流量计发生故障时的检查和维修

流量计在日常使用中应经常检查，流量大小是否超过规定范围？运转中声音是否正常？指示部分是否正确可靠？（回零字轮、指针、指示数值与累积指示的终止读数减去起始读数的数值是否相等？）流量计的压力损失是否稳定？管道系统中是否正常？如阀门、气体分离器、过滤器等是否工作可靠？等等。

5. 流量计常见故障、原因及其修理与调整

（1）椭圆齿轮流量计常见故障、原因及其修理与调整，见表3-9。

表3-9　椭圆齿轮流量计常见故障、原因及其修理与调整

序号	故障现象		故障原因	修理与调整
1	椭圆齿轮不转		安装时有杂质落入表内，卡住椭圆齿轮	拆洗、洗涤后重新安装，注意椭圆齿轮上的标记
			被测液体不清洁，过滤器被堵塞	清洗过滤器，清除杂质
			被测液体压力过低	增加压力
2	椭圆齿轮转动，但指针不动		传动轮系卡住	清除杂质并添加润滑油
			齿轮铆合松动	重新铆合
			齿轮销断裂	更换齿轮销
3	指针转动时有抖动现象		流量过大，超过规定值	调整流量至规定值
4	椭圆齿轮转动时有不正常的噪声		流量过大，超过规定值	调整流量至规定值
5	指针反转，字轮转位反向		液体流动方向与表壳所标箭头方向相反	拆卸，按所标方向重新安装
6	表盘有油迹		联轴器密封损坏	更换密封圈
7	误差过大	负误差	流量过小，低于规定值	更换口径较小的流量计，或者加大压力、更换管线
			旁路泄漏	防止泄漏
			使用年限过久，椭圆齿轮磨损严重	更换、调整齿轮，或更新流量计
			液体内含有气体	表前增调消气器，防止法兰漏气
		正误差	仪表检修后，字轮的转位不在指针"0"位	校正字轮转位指针位置
			液体黏度与校验液体黏度相差太多	按照误差变化更换、调整齿轮

（2）圆盘流量计常见故障、原因及其修理与调整，见表3-10。

表3-10　圆盘流量计常见故障、原因及其修理与调整

序号	故障现象	故障原因	修理与调整
1	指针不走	计数器走，可能是与指针连接的齿轮轴销钉脱落或弹簧失灵	拆开表头，重新装好销钉；若因弹簧锈蚀而失灵，可将弹簧清洗干净并涂防锈油；若弹簧断裂则更换弹簧
		指针、计数轮不走，计量室也不动时，是计量室内进入块状杂物卡住	将表拆开，清除块状杂物，清洗后重新装配
		压差过小	提高压力
2	表上壳中部法兰下面的小孔流油	密封联轴器漏油	拆开流量计，把外壳上的密封轴取下进行检查：密封垫圈损坏，更换；加涂润滑脂；轴承磨损时，更换装配
3	负误差过大	计量室上下球窝表面镀铬层损坏	经常检查并清洗表前过滤器
		上下半球表面镀铬层损坏	拆开计量室，检查球窝、球表面镀铬层，损坏时返厂修理
		液体从旁通阀漏走	检查旁通阀是否关闭或损坏

（3）腰轮流量计常见故障、原因及其修理与调整，见表3-11。

表3-11　腰轮流量计常见故障、原因及其修理与调整

序号	故障现象	故障原因	修理与调整
1	计量室内转子卡死（新安装管线及新装流量计容易出现）	管道中有杂物进入计量室	拆洗流量计，清洗过滤器和管道
		被测液体凝固	设法溶解
		由于系统工作不正常出现水击、过载使转子与导向齿轮连接的销子损坏	改装管网系统，消除水击和过载，修理流量计
		由于流量计内进入腐蚀性物质，使转子、轴承、齿轮损坏、卡死	拆卸修理和更换零件
		由于流量计长期使用，导向齿轮、轴承磨损过大，造成转子相互碰撞发生卡死	必须更换轴承、导向齿轮或转子，如果损坏很厉害不能修复，应换新流量计
		安装时有杂质进入流量计，卡死	打开流量计清洗后再安装
		过滤器堵塞	清洗过滤器
		被测液体压力过小	增大系统压力

序号	故障现象	故障原因	修理与调整
2	流量计的计量室内转子运转正常而表头指示部分时走时停或不走	计量室密封输出部分失灵，磁钢脱磁，异物进入磁联轴器内卡死	拆开冲洗或重新充磁
		表头上的挂轮松脱	重新装紧和调整，必须转动灵活
		回零计数器和累积计数器损坏	拆下计数器检修
		指针松动	装紧指针
		传动系统卡住或变速齿轮啮合不良	卸下计数器，检查各级变速器
		传动系统连接部分脱铆或脱销子	检查磁性联轴器传动情况(注意不要让磁联轴器承受过大的转矩，否则容易产生错极去磁)，对脱铆的进行处理，对脱销子的予以更换
3	指针或数字轮运转时有抖动现象或时停时走	液体含有大量气体	增加消气器，或者检查消气器工作是否正常
		液体排量过小	加大流量到规定值
4	流量计运转时，有异常响声和噪声	流量计转子与导向齿轮的销子断裂，冲击转子	拆下更换新销子，刮尽转子上被碰伤的斑痕
		流量超过流量计的要求	在流量计的下游端加流量装置和改进操作方法
		系统中进入空气或系统发生震动	检修系统消除震动
		轴承损坏	检查过滤器是否可靠，液体是否清洁，更换轴承
		使用时间很长超过了流量计的寿命	更换流量计
		止推轴承摩擦，腰轮组与中隔板或壳体摩擦，或者该部位紧固件松动	打开下盖调整止推轴承的轴向位置，拧紧螺栓
5	指针反转，数字轮转动时数字由大到小	液体流动方向与壳体箭头所示方向相反	按箭头方向重新安装
6	流量计发生渗漏	使用压力超过流量计要求，使流量计外壳产生变形、渗漏	检查系统中压力表是否完好。降压，使压力在流量计允许压力内，对外壳变形厉害的重新换表或送回制造厂大修
		橡胶密封件老化	换新密封件
		机械密封渗漏	机械密封有很微量的渗漏是正常现象，如果渗漏很厉害，应拆开机械密封，更换被磨损了的零件和损坏了的橡胶零件

序号	故障现象	故障原因	修理与调整
6	流量计发生渗漏	压盖过松，填料磨损，机械密封联轴器渗漏	拧紧压盖。更换填料，加添密封油
		气孔或放油孔处紧固件松动	固紧紧固件
		螺栓松动	拧紧螺栓
7	流量计计量不准确	被测液体温度与气温相差太大	测量中让温差减小
		温度补偿装置失灵	检查和修理
		被测介质黏度改变	送回制造厂根据所使用的介质重新调校或按介质选用新表
		由于修复流量计后，表头上的挂轮挂反	拿下表头、将挂轮取下翻一个面重新装上
		由于操作中系统上的阀门没有关死等	注意操作
		液体内含有气体	无消气器时应增加消气器，有故障时进行检修
8	发信器无信号输出或丢失脉冲	元件损坏	更换元件
		光电开关松动	调整好光电开关位置，并牢靠固定
		发信器接线连接松动	正确接线，连接可靠
9	流量积算显示仪误差大	有干扰信号	排除干扰，可靠连接
		显示仪有故障	用自校检查仪检查
		显示仪脉冲发信器阻抗不匹配	加大显示仪的输出阻抗，使用权之匹配
10	误差变负（指示值小于实际值）	流量超出规定范围	调整流量在规定范围内，或者更换流量表
		介质黏度偏大	黏度偏大可重新检定，更换调整齿轮进行修正
		转子等转动部件不灵活	检查转、轴承驱动齿轮等，更换磨损件
11	误差变正（指示值大于实际值）	流量有大的脉动	减少管道中的脉动
		介质内混入气体	加装消气器
		介质黏度偏大	重新检定，更换调整齿轮进行修正

（4）涡轮流量变送器常见故障、原因及其修理与调整，见表3-12。

表 3-12　涡轮流量变送器常见故障、原因及其修理与调整

序号	故障现象	故障原因	修理与调整
1	显示仪不工作	变送器—放大器—显示仪之间断路或短路	检查线路使之正常
		信号检测器线路断线	更换线圈，线圈输出信号不小于 10mV
		显示仪故障	参照显示仪说明书排除故障
		变送器本身故障	拆下变送器检查
2	显示表不稳定或不符合流量变化规律	存在着外界电磁干忧	将变压器、放大器、显示仪表间的导线屏蔽，并将屏蔽线互相连接后接地，接地远离动力线
		显示仪表故障	参照显示仪说明书排除故障
		叶轮上有污物	清洗变送器，加装过滤器
		前置放大器故障	检修或更换放大器，放大器输出不小于 2V
		轴或轴承严重磨损	更换轴或轴承
		流量太小，造成信号太弱	在流量范围内使用

6. 流量计计量室拆装注意事项

当已确定计量室故障的原因，必须拆开进行修理时，由熟悉流量计结构，经过技术培训的技术人员、工人方可拆开，一般不要轻易拆卸，条件允许最好返厂修理。

（四）流量计检修周期及内容

1. 检修周期

一般结合流量计检定进行检修。

2. 检修内容

（1）对流量计表头齿轮传动部分，每年应进行一次清洗、检查、润滑，并在试验台上对表头进行调试。调试好后再装到流量计主体上，以备检定。

（2）检查并更换轴承、密封垫（圈）。

（3）根据检定数据，更换调整齿轮。

（4）对温度补偿器，精度修正一年应检查一次，并对齿轮传动部分进行清洗、润滑。

（五）流量计检修及安装技术规定

1. 检修技术要求

（1）流量计的检修人员必须是通过专门培训的维修人员，并应配备专用工具。

（2）一般情况下，不要拆卸流量计转子、驱动齿轮等主要部件。

（3）拆卸技术要求：

① 分段将计数器、变速器、脉冲发信器等卸下；

② 对各级变速器和计数器等进行维修、清洗，加注润滑油；

③ 磁性联轴器拆卸时不要使其错极，否则极易使磁性减弱。为此，不要用力使主动磁铁或随动磁铁转动。

（4）拆卸内端盖时应做标记，以免装错、装反。

（5）更换石墨轴承时，应用木芯子打入取出石墨瓦，防止损坏石墨瓦。

（6）取出转子时，转子之间应先做记号，装入时保持原来啮合位置，转子两端的止推垫圈应分别记号，不能装错。

2. 安装技术要求

（1）流量计安装时，应保持横平竖直，消气器、过滤器应以流量计为标准找平、找正；设备的标志方向与油流方向应一致；法兰间隙应均匀，垫片厚度应大小合适，不得突入管内。

（2）流量计前后管段上的温度计、压力表、取样器及其相连管线的焊接等，均应在流量计就位安装前完成；所有设备、管线都应先清理后组装，不得使焊渣、杂物残留在设备、管线内；每次施工完后都应将管线两端封堵。

（3）流量计、流量计进出口阀门、电液阀、过滤器、消气器等设备应以柴油或煤油作为介质进行强度及严密性试验。流量计进出口阀门以外部分可以水为介质进行强度及严密性试验。

（六）流量计检修后的验收

（1）检修后的流量计，必须经过计量检定部门检验合格出具证书，方可使用。

（2）验收时应提供以下技术资料：

① 检定证书；

② 修理与调整记录；

③ 重要部件更换记录；

④ 电气仪表及自动装置的调整校验记录。

（3）按规定办理验收手续。

八、在线温度计及使用维护

在线检测油品温度是油库自动计量、监控的一个重要环节，是实现油品精确测量和准确控制的主要内容，其检测仪表就是在线温度计。

（一）温度检测仪表测温范围和特点

各种温度检测仪表的测温范围和特点，见表3-12。油品在线检测一般采用接触式热电阻，也有部分仪表采用热电效应。

表3-13　温度检测仪表测温范围及特点

测温方式	温度计的种类和仪表		测温范围(℃)	主要特点
接触式	膨胀式	玻璃液体	100~600	结构简单、使用方便、测量精度较高、价格低廉；测量上限和精度受玻璃质量的限制，易碎，不能远传
		双金属	80~600	结构紧凑、牢固、可靠；测量精度较低、量程和使用范围有限
	压力式	液体	40~200	耐振、坚固、防爆、价格低廉；工业用压力式温度计精度较低、测温距离短、滞后大
		气体	100~500	
	热电阻	铂电阻	260~850	测量精度高，便于远距离、多点、集中检测和自动控制；不能测高温，须注意环境温度的影响
		铜电阻	50~150	
		半导体热敏电阻	50~300	灵敏度高、体积小、结构简单、使用方便；互换性较差，测量范围有一定限制
	热电效应	热电偶	200~1899	测温范围广，测量精度高，便于远距离、多点、集中检测和自动控制；自由端温度需补偿，在低温段测量精度较低
非接触式	辐射式		0~3500	不破坏温度场，测量范围大，可测运动物体的温度；易受外界环境的影响，标定较困难

（二）热电阻温度计的工作原理与结构

1. 工作原理

物体在热交换过程中，物体的某些参数随温度而变化，将这些变化量采用一定形式的机械或电量装置变换，再以直观的数值表示出来（或记录下来），便得到了被测物体的温度。

金属热电阻传感器原理是根据金属的电阻值随温度的变化而变化的特点，选用电阻温度系数和电阻率大、热容量小，具有稳定的物理、化学性质和良好的复制性；电阻值随温度基本呈线性关系的金属制造而成。比较理想的感温元件材料主要有铂和铜。

2. 热电阻温度计的结构

热电阻温度计通常由电阻体、绝缘子、保护套管和接线盒四部分组成，如图3-34所示。

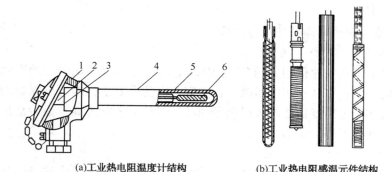

(a)工业热电阻温度计结构　　　　　(b)工业热电阻感温元件结构

图 3-34　工业热电阻温度计和感温元件结构

1，2，3—接线盒；4—保护套管；5—绝缘子；6—电阻体

热电阻温度计的型号采用汉语拼音字母来表示。第一个字母 W 表示温度；第二个字母 Z 表示电阻；第三个字母则表示热电阻的分度号，铂电阻为 B，铜电阻为 G，如果标有"2"则表示双支热电阻。如铜热电阻温度计的型号为 WZG，铂热电阻温度计的型号为 WZB1 或 WZB2。

3. 铂电阻温度计

铂是制造热电阻温度计比较理想的材料，它易于提纯，在氧化性介质中有很高的稳定性和良好的复制性，电阻与温度变化关系近似线性，并具有较高的测量精度。但在高温下易受还原性介质损伤，质地较脆。其电阻值与温度的关系式为：

$$R_t = R_0 (1 + A_t + B_t)$$

式中　R_t——t℃时热电阻温度计的电阻值，Ω；

　　　　R_0——0℃时热电阻温度计的电阻值，Ω；

　　　　t——被测介质的温度，℃；

　　　　A_t、B_t——分度常数。

由上式可知，当 R_0 值不同时，某一温度下的电阻值 R_t 值也不相同。因此，在确定 $R-t$ 的关系之前，先要确定 R_0 的数值。工业标准铂电阻有两种规格，R_0 分别是 46Ω 和 100Ω，与其相应的两种 R_0-t 关系表，即分度表表号为 P_t50、P_t100。

4. 铜电阻温度计

铜电阻的优点是纯度高、韧性好、易加工成丝，电阻温度系数很大，电阻随温度变化具有良好的线性关系。测温范围在-50～150℃内具有很好的安定性。超过 150℃后易被氧化，氧化后失去它的特性。另外，铜的电阻率小，为使其具有适当的功能，铜电阻要做得较细较长，铜电阻体积较大，滞后现象加重，使它的测温准确性下降。

（三）热电阻传感器的选用与安装

1. 金属热电阻传感器的选用

根据热电阻在油库使用的场合和油库工艺特点来选择热电阻，油库属于易燃易爆的危险场所，在选用热电阻时，首先应考虑防爆要求，即选用隔爆型或本质安全型；其次测量温度精度等级以满足油品计量精度要求为准；最后是根据测温点的不同，选择不同安装形式。

2. 安装的要求和注意事项

（1）为使测温元件真正反映被测介质的温度，必须使测温元件与被测介质能进行充分的热交换，尽量减少被测介质和测温元件自身的热损失。

（2）油库属于易燃易爆的危险场所，安装热电阻温度计处都具有一定的压力（动压力和静压力），应采取相应的安装方法来确保测温元件的安全、可靠。

（3）管道上安装时，热电阻传感器的工作端面应处于管道中流速最大之处，铂热电阻伸入被测介质长度 50～70mm，铜电阻 25～30mm。若能在管路轴线方向安装（即在管线拐弯处安装）则可保证最大插入深度。

（4）测温元件应与被测介质形成逆流，即安装时测温元件应迎着介质流向插入，至少须与被测介质流向成 90°，切勿与被测介质形成顺流。

（5）在管道上安装测温元件的方法是先在测温点处用电钻或气割开孔，然后焊上相应的连接头（螺纹式或法兰式）加垫片，将测温元件插入固紧即可。

（6）热电阻温度计的接线盒进出线口宜朝下，其密封面、进出线口的密封必须符合该场所防爆要求。

（四）检查维护

（1）热电阻温度计中的保护套管一般 4～5 年进行一次检查。

（2）加强日常维护，采取一定的防雨措施；在每次检修中应清洁接线盒内部，防止金属遗留其中。

（3）热电阻温度计的防爆接线盒在检修时，在断电情况下才允许将其打开，注意保护密封面，确保检查、检修后密封符合要求。

（4）热电阻温度计的装配质量和外观直接用目视检查，热电阻温度计有无短路或断路用万用表检查。用万用表 $R \times 1$ 档测其电阻，若万用表指针指示"∞"处则万用表已断路，不能使用；反之，若万用表的指针指示在"0"处或指示值小于电阻值，表示已短路，必须找出短路处进行修复；若万用表指针指示比测点的阻值偏高一些，说明热电阻是正常的。

（5）绝缘电阻的检查。热电阻温度计的绝缘电阻用兆欧表进行测量。测量时应将热电阻温度计各个接线端子短路，并接至兆欧表的一个接线柱上，兆欧表另一个接线柱的导线紧夹于热电阻温度计的保护管上。测量时，当环境温度为15～35℃，相对湿度不大于80%时，铂热电阻温度计的感温元件与保护管之间的绝缘电阻应不小于100Ω，而铜热电阻温度计应不小于20Ω。

（五）热电阻温度计常见故障及处理方法

（1）热电阻温度计阻值不正确时，应从下部端点电阻丝交叉处增减电阻丝，不应从其他处调整。

（2）完全调好后应将电阻丝排列整齐不能碰撞，仍按原样包扎好。

（3）焊接时不要将好丝均打开，以免折断。

（4）安装长度不合适时，只允许改变引线长度，不允许改变热电阻长度。

（5）凡经处理后的热电阻必须经过检定，合格后才能使用。

（六）热电阻温度计的检定

热电阻温度计在使用前、修理后和经过一段时间后都应进行检定，以便确定其准确度。

1. 外观和绝缘检查

（1）热电阻温度计的保护管、接线盒、接线端子等应无明显变形和锈蚀，铭牌标志应清晰、完好、正确。

（2）玻璃骨架感温元件应无裂痕、无明显变形。

（3）接线盒密封面无损坏，螺钉齐全，无锈蚀、污垢。

（4）感温元件与保护管之间、双支感温元件之间的绝缘电阻，不应小于20MΩ。

2. 检定方法

（1）热电阻温度计常用比较法进行校检。校检标准为二等标准铂电阻温度计或二等标准水银温度计(检定铜电阻用)，以及其他配套设备。

（2）在冰点槽或水三相点瓶中测定 R_0 值，在水沸点槽中测定 R_{100}，经计算后应符合表3-14与表3-15的要求。

表 3-14　热电阻温度计分度号及对标准分度表的允许偏差

热电阻温度计名称	分度号		0℃的标准电阻值(Ω)	与标准分度表的允许偏差(℃)
铂热电阻温度计	A	$P_t 10$	10	±(0.15+0.002 $\|t\|$)
		$P_t 100$	100	
	B	$P_t 10$	10	±(0.30+0.006 $\|t\|$)
		$P_t 100$	100	
铜热电阻温度计	Cu50		50	±(0.30+0.005 $\|t\|$)
	Cu100		100	

表 3-15 热电阻温度计 α 值

热电阻温度计名称		α	$\Delta\alpha$
铂热电阻温度计	A	0.003850	±0.000006
	B		±0.000012
铜热电阻温度计		0.004280	±0.000020

（3）测定点一般取被测温度范围的 10%、50% 和 90% 进行校检。

3. 检定资格和期限

热电阻温度计的检定应由国家授权计量检定单位进行，检定周期最长不得超过 1 年。

九、导静电接地设施及使用维护

导静电接地设施主要由接地极、接地线、接地连接器具等组成。导静电连接器具是其中的重要设备。导静电连接器具有多种形式，如鳄头形静电接地夹、破漆静电接地夹（普通型和传感型两种）、静电接地报警器和溢油静电保护器等。

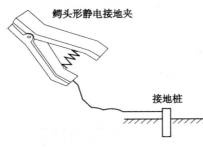

图 3-35 鳄头形静电接地夹

（一）鳄头形静电接地夹

它是油库使用时间较长的一种接地器具，目前还有少数油库在使用，见图 3-35。它依靠锯齿形夹口和弹簧张力与油罐车连接，其特点是操作使用方便，缺点是夹持力小，连接不可靠，容易被拉脱。

（二）破漆静电接地夹

它是鳄头形静电接地夹的改进产品，夹口由锯齿形改为破漆针，它克服了鳄头形静电接地夹夹持力小的缺点。破漆静电接地夹的特点是：整体铸铝材料，防爆设计；破漆顶尖采用防爆不锈钢制作，刚性弹簧破漆力大；防拉装置对夹子具有一定保护作用；夹子安全可靠、有效耐用。

破漆静电接地夹夹体由不含镁的铸铝材料压铸而成，弹簧使用强力弹簧。为了能够刺破被接地体表面上的油漆、锈蚀等绝缘膜，在夹子头部安装了三个不锈钢制作的钢针，其表面压强达到 $1000kg/mm^2$ 以上，保证了有效电气连接，防止静电事故发生。

1. 工作原理

强力弹簧利用夹子身体构成的杠杆，使夹子头部的破漆针具有强大的压强，能够刺破漆膜阻隔。接出的导线通过夹体形成连贯的电气通路，具有良好的导静电作用。

对于传感型破漆夹，其中有一个破漆针与夹体相互绝缘，两个相互绝缘的破漆针最后连接在接线端子上，当尖子夹在被接地体上时，两个破漆针透过被接地导体形成电气通路，此时在接线端子两端测量，其回路电阻很小，接近于零。如果破漆效果不好，没有形成有效的电气通路，接线端子两端的电阻就会较大，甚至出现断路现象。

2. 普通型静电接地夹的安装

安装普通型静电接地夹时，首先将接地电缆（或接地线）与防拉线拧在一起，然后塞入单芯电缆接线端子中，最后上紧紧固螺栓。安装后要用力拉动接地线，确认其确实被固紧即可，见图3-36(a)。

如果所用接地线芯径大于接线端子入孔直径，可以先在接地线端头压上接线鼻子，然后用螺栓把接线鼻子压紧在静电接地夹的接线端子上方，见图3-36(b)。

紧固卡子是夹紧接地、防拉两条线用的。确定卡紧位置时，应使接地线长于防拉线，使接地线形成一段弧线，这样才能保证防拉线起到防拉作用。

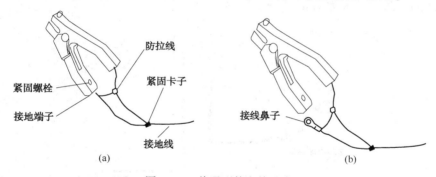

图3-36　普通型静电接地夹

安装后的静电接地夹，应该在检测以后才能投入使用。对于普通型静电接地夹，将其夹在带有油漆等隔膜的金属板上，然后用万用表测量金属板（注意用表笔破开油漆）与接地桩之间的电阻，所测得的电阻值应该在10Ω以下，如在10Ω以上，那么可能存在接线不妥的地方，可以分段测量调整，直到电阻符合要求为止。

3. 传感器型静电接地夹的安装

安装传感型静电接地夹时，首先松开接线端子上的压线螺栓，取下压线板，然后从穿线孔中穿入接地电缆，在接线端子上拧紧。两个接线端子没有正负极性，可以任意与外部电缆连接。最后把防拉线线头放在穿线孔中，放上压线板，上紧螺丝，见图3-37。

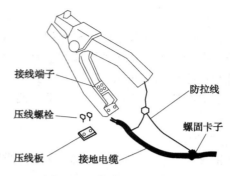

图 3-37　传感型静电接地夹

（三）报警静电接地器

报警静电接地器是目前采用比较多的一种，见图 3-38。它由传感器型静电接地夹和报警器两部分组成，适用于油罐汽车、铁路油罐车等移动式油罐的静电接地保护，保证静电接地装置及操作具有更高的可靠性，是传统静电接地器具的换代产品，防爆等级为 ia II CT$_6$。

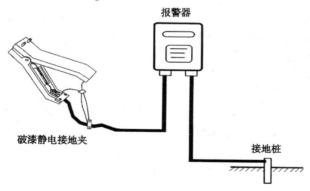

图 3-38　报警防静电接地

1. 工作原理

静电接地报警器是以单片电子计算机为核心的智能报警装置，它与传感型静电接地夹连接后，可以自动检测整个静电接地回路的电阻，超过规定数值后自动报警，从而保证静电接地操作绝对可靠。

为了满足用户现场报警的需要，报警器设计成为"快装方式"，即不用外接电源，而是使用电池供电，这样工作现场不必铺设电源电缆，可以增加安装速度，减少安装费用，降低安装难度。整个报警器采用了工作时通电，其余时间断电的低功耗、间歇工作，普通电池的使用寿命达到半年以上。

2. 检测

在接好线后的报警器里装上电池，报警器就可以使用了。在使用报警器之前，最好对报警器进行检测，检测方法如下：

（1）张开静电接地夹子，使它进入报警工作状态，报警器应发出短促的报警声，合上夹子，报警声消失。

（2）将接在接地桩上的任意一根电缆接线从接地桩上摘下来，报警器应发出短促的报警声。再接在接地桩上，报警声消失。

（3）如果测试结果与上述描述方式不符，应检查电池、电池盒、接线端子、电缆等是否有问题。必要时须重新接线。

3. 使用

安装后的报警器，装上电池后即可工作。报警器在工作时，共有报警状态和正常状态两种状态。

报警状态时，报警器有规则地发出连续不断的报警声音，说明静电接地回路存在阻值超限现象，必须重接或检查后才能进行油品输送作业。

正常状态时，报警器没有任何响应，但在打开静电接地夹时会发出报警声音。

如果报警声较小，说明电池没电，应及早更换电池。平时因夹子接触不好而出现报警声时，应把夹子接好，使声音消失，以节省电能。

4. 电阻调整

产品出厂时，报警电阻调整为 30Ω 左右。报警器使用一段时间后，如果发现报警电阻过大，或因实际情况需要，须对电阻进行更改，用户可以自己调整报警电阻，方法如下：

（1）将接地桩接线从报警器盒内的接线端子处断开，报警器会发出报警声。

（2）将一个与欲报警阻值相等的电阻（如 30Ω）接在接地桩接线端子上。

（3）用螺丝刀旋转报警器上的调整电阻，顺时针方向减小报警电阻，逆时针方向增加报警电阻，先减小电阻，使报警声消失，然后慢慢增加电阻，直到报警器发出报警声为止。

（4）拆下电阻，把接地桩接线接在相应的端子上。

（四）溢油静电保护器

溢油静电保护器具有防止液体溢出，静电接地电阻超标报警功能，适用于易燃、易爆等液态石油化工产品灌装作业使用场合。即适用于燃料油装车（含铁路油罐车、油罐汽车装车），液态苯、烃类密封装车，其他化工产品的罐装系统。

1. 工作原理

溢油静电保护器是由单片电子计算机为核心的智能防溢油、防静电自动控制系统组成。系统主要包括控制器、显示器、防爆接线、电气线路及配套软件等。

保护器通过 UZK 系列液位开关检测液位状况，当液位超过设定的安全位置时能及时发出声光报警信息；保护器通过静电接地夹自动检测易产生静电罐车接地状况，超过规定值后自动发出报警信息；保护器根据接地、液位情况提供反映接地和液位状况的信号，供第三方系统（计算机发油控制系统）使用，作为是否开始工作（如静电接地线未连好，系统不能工作）及开关油泵、阀门的判断依据。此外，系统本身也可以根据接地、液位情况直接控制油泵、阀门。

2. 系统组成及功能

溢油静电保护器系统包括控制器、UZK 系列液位开关、传感型静电接地夹、接地线、电源、安全栅、工作状态板、报警盒、二通防爆接线盒、三通防爆接线盒及其连接线路等。

（1）控制器由单片机及其他电子器件组成，通过接线端子与外围系统相接。

（2）液体开关、传感型静电接地夹是检测液位、接地状况的。

（3）隔离变压器是为保护器提供电源的。

（4）安全栅是为本安系统提供本安电源的。

（5）防爆接线盒是把液位开关、静电接地夹、工作状态板、接地线过度连接到控制器的。

（6）工作状态板是判断报警器是否使用，不工作时将静电接地夹子夹在上面。

（7）报警盒及其面板上的三个 LED 灯连同其侧面的扬声器提供声光报警信息，并显示系统工作状态。

（8）传感型静电接地夹是保证车体接地良好的。

（9）接地线是将静电导向大地的。

3. 产品特点

（1）具有连锁功能，如静电接地未可靠连接，第三方无法工作（不能开阀、开泵）。

（2）采用单片电子计算机，系统性能稳定可靠。

（3）对液位开关自检故障，有故障则发出声光报警信息，操作使用方便。

（4）提供声光报警信息，现场工作人员可及时发现问题，确保装车安全。

（5）自动控制阀门、油泵。

（6）提供反映液位、静电接地状态的信号，供第三方系统使用。

（7）防爆外壳保护关联设备，一次仪表及其处理电路采用本质安全电路，与输出控制电路、隔离变压器一起置于隔爆外壳内。

4. 技术参数

技术参数见表 3-16。

表 3-16　溢流静电保护器技术参数

工作电压	工作电流（mA）	响应时间（s）	防爆标志	报警方式	工作环境温度（℃）	工作环境湿度
220VAC（1±10%）	15	<2	EXd（ia）ⅡBT₄	声光报警	40~60	85%

5. 防爆要点

（1）控制器主要由壳体、壳盖、引入装置、内部本安电路板组成，壳盖由 ZL102 压铸而成，具有耐冲击、强度高等优点。

（2）控制器壳体、壳盖采用平面隔爆面结构。

（3）引入装置依次为垫圈、密封圈、垫圈、堵棒、压紧螺母。密封圈为 XH-50 橡胶，能承受 GB 3836.1—2010《爆炸性环境　第 1 部分：设备通用要求》附录中规定的老化试验。

（4）液位开关、报警器等产品试验合格。

（5）密封圈适用的最小电缆外径为 7mm、11mm、15mm。

（6）本安与非本安导线必须分开布置走线。

（7）经防爆检验合格的产品不得随意更换或改动影响防爆性能的元器件和结构。

（8）现场安装须按 GB 3836.15—2000《爆炸性气体环境用电气设备　第 15 部分：危险场所电气安装（煤矿除外）》标准进行。

6. 溢油静电保护器安装

溢油静电保护器安装示意图，见图 3-39。

溢油静电保护器安装的主要技术要求：

（1）液位开关软管沿着鹤管安装，根据鹤管型号的不同，液位开关软管长度不同。

（2）液位开关的安装位置，以不影响鹤管操作为标准。

（3）固定液位开关在软管遇到鹤管的旋转活节部分时，必须将软管在活节部分留有足够的长度，以不影响鹤管活节旋转为标准。

（4）工作状态板安装在汽车停靠位置的尾部，以方便静电接地夹的使用。

（5）三通分线盒安装在工作状态板附近，以方便安装使用。

（6）溢油静电报警器安装在操作人员能看到显示和听到声音的位置。

以上推荐的安装要求，可根据现场的不同可作适当调整。

使用液位开关时，先将鹤管插入槽车，然后取下液位开关，将吸盘吸在油罐人孔口合适的高度位置。使用后，将吸盘取下吸在鹤管的上部，备下次使用。

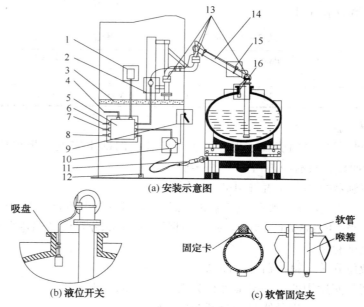

(a) 安装示意图

(b) 液位开关　　　　　　(c) 软管固定夹

图 3-39　溢油静电保护系统现场安装示意图

1—溢油静电报警器；2—二通分线盒；3—发油平台；4—220V 电源线；

5—溢油静电保护控制器；6—控制油泵接线；7—控制阀门接线；

8—分布式连接下位机，集中式连接微机室线；9—工作状态板；10—三通分线盒；

11—静电接地夹；12—接地桩；13—旋转活节；14—卸油鹤管；

15—软管固定夹(图 c)；16—液位开关(图 b)

7. 溢油静电保护器布线

溢油静电保护器布线示意图，见图 3-40。

溢油静电保护器布线的技术要求：

(1) 虚线内在发油区(危险区)。

(2) 保护器适用于与集中区和分布式自动发油系统相配套，并可单独使用控制阀门或油泵。

(3) 图 3-40 上所标的线芯数量，预留一根备用线。

(4) 在符合防爆要求及保证设备能正常运行的前提下，可根据现场实际情况，选用其他方案。

8. 工作状态

溢流静电保护器的所有工作状态由报警器直接声光显示，现将其对应关系列于表 3-17。

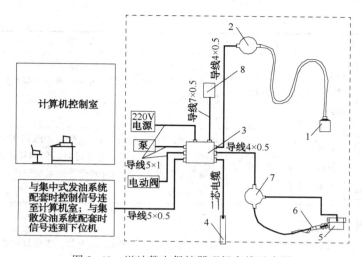

图 3-40 溢油静电保护器现场布线示意图

1—防溢液位开关；2—二通防爆分线盒；3—溢油静电保护控制器；
4—接地桩；5—工作状态板；6—静电接地夹；7—三通防爆分线盒；8—报警器

表 3-17 溢流静电保护器的所有工作状态及图例说明

图 例	状 态	说 明
电源 液位 接地	待机状态	当静电接地夹夹在工作状态板上，整套系统处于休眠状态，不检测外部信号，同时向计算机系统输出禁止发油的信号
电源 液位 接地	工作状态	当从工作状态板上取下静电接地夹时，整套系统启动，进入工作状态。静电接地夹夹在需接地的设备上，并且接地良好，已被监测液位低于 UZK 液位开关探头的位置，称之为进入"工作状态"，这时液位开关传感器间歇发出"吱…吱…"的声音。此时电源灯有节奏的闪烁，静电接地灯、液位灯熄灭，同时输出正常工作信号
电源 液位 接地	接地报警	当接地回路电阻超过规定阻值时或者接地未连接好时，接地灯闪烁，电源、液位灯熄灭，蜂鸣器急促报警，并同时输出接地报警信号
电源 液位 接地	液位报警	UZK 液位开关工作正常，被监测液位达到液位开关检测位置，此时电源灯、静电接地灯熄灭，液位灯闪烁，蜂鸣器急促报警，并同时输出液位报警信号

续表

图 例	状 态	说 明
电源 液位 接地	电源故障	当系统供电出现故障时，电源、液位、接地灯熄灭，蜂鸣器没有声音
电源 液位 接地	液位开关故障	当系统进入"工作状态"时，液位开关或其连接线路出现故障时，此时电源灯、液位灯同时急促闪烁，接地灯熄灭，蜂鸣器急促报警，并同时向计算机系统输出液位开关故障报警的信号
电源 液位 接地	混合报警	接地报警、液位报警同时出现时，液位灯和接地灯同时闪烁，电源灯熄灭，蜂鸣器急促报警
电源 液位 接地		液位故障与接地报警同时出现时，电源灯、液位灯、接地灯同时闪烁，蜂鸣器急促报警，并同时向计算机系统输出液位开关故障、接地报警的信号

9. 操作步骤

（1）系统处于待机工作状态，当从工作状态板上取下静电接地夹时，接地处于报警状态，说明系统进入了工作状态。将静电接地夹夹在需接地设备上，静电接地报警消失。

（2）根据被监测液体的监测高度，调节吸盘与探头的距离，设置好 UZK 液位开关的高度。

（3）保护器处于正常工作状态，此时被监测设备可进行罐装操作。

（4）当被监测液位达到报警液位后，保护器进入液位报警状态，并输出液位报警信号，这时应停止对此液罐的罐装操作。

（5）当完成罐装操作后，将 UZK 液位开关收回，从被监测设备上取下静电接地夹，并夹在工作状态板上。系统进入待机工作状态，准备下次使用。

10. 常见故障及应急措施

主要故障是液位或静电传感器因外界过分拉扯所造成。常见故障的应急解决方法：当系统中的某个传感器不能工作时，可以将该传感器的功能屏蔽掉，而不会影响发油系统的正常工作。仪器使用了拨码开关应急处理故障，拨码开关应急处理故障的方法见表3-18。

表 3-18 拨码开关应急处理故障的方法

图例	应急处理方法
	当液位、静电传感器都工作正常并且都使用时，K_1、K_2 都处于 ON 的位置。这是拨码开关 K_1、K_2 的出厂初始位置
	当液位开关出现故障时，可将 K_1 从 ON 的位置扳至 1 位置上。此时必须注意，液位功能实际上已不起作用，必须采取其他监测液位的措施，以防止易燃易爆液体溢出引发事故
	当静电检测传感器出现故障时，可将 K_2 从 ON 的位置扳至 2 的位置上。此时必须注意，静电报警功能已经不起作用，应该使用其他接地检测设备，以防因静电产生火花酿成事故
	当液位开关、静电检测传感器同时出现故障时，可以将 K_1 从 ON 位置扳至 1 位置，同时将 K_2 从 ON 位置扳至 2 位置

注：必须注意以上 2、3、4 中的任何一种情况都属于故障状态，为不影响短期发油应采取应急措施，通知工厂修复，以防危险发生及影响发油工作正常进行！

第四章 桶装油品灌装技术与管理

对于数量较小的油品和质量要求特别严格的某些润滑油，常利用油桶进行储存和运输，直至最后供应到用户，这种作业称为油品的桶装业务。桶装业务是整个油品储运过程中不可缺少的一个环节，尤其是商业系统和部队的供应油库，桶装业务更为繁重。因此，油库要重视桶装业务工作。尤其要注意布置合理的流程，尽可能使油桶的灌装、运输和装卸作业机械化、自动化，以提高工作效率，减轻体力劳动，节省人力，减少占地面积和建筑面积。

第一节 桶装油品灌装区及灌装作业

一、桶装油品灌装区的组成、布置及建筑要求

（一）桶装油品灌装区的组成

桶装油品灌装区由灌装油罐、灌装油泵站、油桶灌装间、计量室、空油桶场、重油桶库(棚、场)、油桶装卸站台以及必要的辅助生产设施和行政、生活设施组成，设计可根据需要设置。

（二）桶装油品灌装区的布置及建筑要求

（1）空桶堆放、重油桶库(棚、场)场的布置应避免油桶交叉与往返运输。

（2）灌装油罐、灌桶操作、收发油桶等场地应分区布置，且应方便操作、互不干扰。

（3）灌装油泵房、灌桶间、重油桶库房可合并设在同一建筑物内。

（4）对于甲、乙类油品，油泵与灌油栓之间应设防火墙。甲、乙类油品的灌桶间与重桶库房之间应设无门、窗、孔洞的防火墙。

（5）油桶灌装设施的辅助生产和行政、生活设施，可与邻近车间联合设置。

（6）甲、乙、丙 A 类油品宜在灌油棚（亭）内灌装，并可在同一座灌油棚（亭）内灌装。

（7）润滑油宜在室内灌装，其灌桶间宜单独设置。

（8）油桶灌装区必须能保证消防车顺利接近火场的消防道路。

（9）重油桶库耐火等级和建筑面积见表 4-1。

表 4-1　重油桶库耐火等级和建筑面积

油品类别	耐火等级	建筑面积（m³）	防火墙隔离间面积（m³）
甲	二级	750	250
乙	二级	2000	500
	三级	500	250
丙	二级	4000	1000
	三级	1200	400

（10）油桶灌装间的地面要具有坡度，坡向集油沟及集油井，以便收集因灌油不慎而漏洒的油品。灌桶间的宽度取 5~6m，高为 3.3~3.5m。每一个灌油嘴所需的建筑面积为 12m²。

（11）油桶灌装间窗户照明面积与地坪面积之比应不小于 1：6。油桶灌装间应自然通风良好，通风不良时应设机械通风，换气次数应不小于 8~12 次/h。油桶灌装间的门应不小于 2m×2.1m。室内禁止采用明火取暖，如果需要照明应符合 1 级防爆危险场所要求。

二、桶装油品灌装方法及要求

（一）桶装油品灌装的方法

桶装油品灌装方法有以下四种。

（1）自流灌装。利用储油罐液面和灌油嘴出口之间的高差所造成的压头来实现灌装油品的，灌装速度取决于两者的高差，如图 4-1（a）所示，在有条件的地方应尽量利用自流灌装。

（2）高位油罐油桶灌装。如果地形条件限制，不能实现自流，可专门建造高位油罐进行自流灌装，即通过油泵将油品输入高位油罐，利用高位油罐自流灌装，如图 4-1（b）所示。

（3）油泵输送油油桶灌装。利用泵输送油品进行油桶灌装作业，如果储油罐和灌装油嘴之间高差较小，无法实现自流灌装时，则采用油泵输送油品灌装，如图 4-1（c）所示。

（4）移动油桶灌装。在特殊条件下，将油桶排放在站台上，将流量计、带加油枪的耐油橡胶管与输油管道的备用接口连接油桶灌装，也可给汽车上的油桶灌装。

自流灌装和油泵输送油油桶灌装相比，自流灌装操作比较安全和方便，任何时间都可进行断续、零星的油桶灌装作业，建设和运行费用低，但高差小时，油桶灌装速度慢。专门修建高架油罐，建设和运行费用较高，增加一次大呼吸损

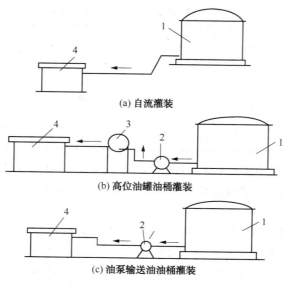

(a) 自流灌装

(b) 高位油罐油桶灌装

(c) 油泵输送油油桶灌装

图 4-1　油桶灌装流程示意图

1—油罐；2—泵；3—高位油罐；4—油桶灌装间

耗，不符合环境保护要求，目前已很少采用。油泵输送油品的油桶灌装作业，流量稳定，计量准确，无自流灌装油条件时可选用。

（二）油桶灌装时间与流量的要求

油桶灌装时间与流量的要求见表 4-2。

表 4-2　200L 油桶灌装时间与流量表

油品种类	灌装的技术要求	
	时间（min）	流量（L/s）
轻　　油	1	3.0~3.5
黏　　油	3	1.11

注：灌油枪出口流速不得大于 4.5m/s。

三、桶装油品灌装计量方法及设备

（一）计量方法

桶装油品灌装的计量方法有质量法和容量法两种。质量法是用磅秤、电子秤来计量，适用于灌装黏油。容积法是用流量计计量体积，再用油品的密度换算为质量，轻质油品的灌装采用容积法。另外，也有用单板机和流量计自动换算为质量的计量方法，轻质油品和黏油都可使用，油桶灌装自动计量是灌桶作业的发展方向。

（二）灌装设备

1. 质量法灌装设备

常用的质量法灌装设备如图 4-2 所示。它采用普通转心阀（直径一般为 32mm）来灌装油品。一个灌油栓与几根平行的灌装集油管相连，使几种油品共用同一灌油栓。但有特殊质量要求的油品，如含铅汽油、航空油料或高级润滑油等，必须设专用灌油栓，不得与其他油品共用。

如果在磅秤上加装一些简单的附件，如图 4-3 即可自动控制灌油。它是利用绳子来操纵转心阀开关的。当油品灌装到预定质量时，秤杆翘起碰到小杠杆 1，小杠杆使销子 2 脱落，此时装在转心阀上的重锤 3 在重力作用下降落，使转子旋转到关闭位置上，油品即停止流出。

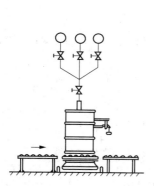

图 4-2　质量法灌桶示意图

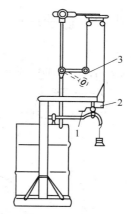

图 4-3　质量法灌桶自动控制装置
1—小杠杆；2—销子；3—重锤

2. 容量法灌装设备

容量法灌装主要利用标准计量罐或流量计两种设备。由于利用标准计量罐进行计量灌装速度慢，操作也不方便，所以，已逐渐被流量计代替。

利用流量计灌装具有迅速轻便等优点，并且易于自动控制，目前已得到广泛的推广。最常用的是腰轮流量计等。为了便于检修，流量计应接旁通管。为了保护流量计，在流量计前面应装过滤器。为了计量准确，流量计前面的输油管上应装设油气分离器，如图 4-4 所示。这是一种适用于轻质油的油气分离器。

电子定量灌装是目前国内较成功的一种自动控制的灌装方法。这种方法是利用电子仪表和腰轮流量计等对灌装作业进行自动控制。电子定量灌油装置由涡轮流量变送器（称为一次仪表）和电子定量灌装设备（称为二次仪表）组成，统称"电子定量灌装仪"，其系统如图 4-5 所示。其基本结构原理：由灌装罐来油经手动闸阀、滤油器进入流量变送器，并通过流量变送器把流量转换成电脉冲信号，送给电子定量灌装设备。该设备可以测量流体瞬时流量，也能累计总值，并能实施定量控制。

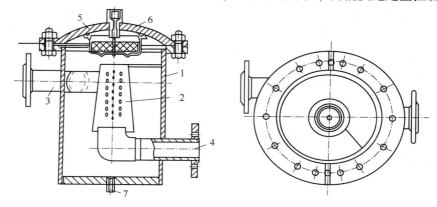

图 4-4　油气分离器

1—壳体；2—过滤器；3—入口管；4—出口管；5—带有浮标的放气阀门；6—上顶盖；7—排污塞子

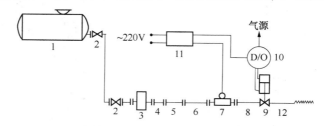

图 4-5　电子定量灌油系统图

1—灌装罐；2—手动闸阀；3—滤油器；4—倍数段；5—整流段；6、8—直管段；
7—流量变送器；9—气动闸阀；10—电气转换器；11—电子定量灌装设备；12—胶管(灌桶用)

稳压元件包括倍数段、整流段、变送器前直管段和后直管段。其作用是使油品在变送器前后的流线和流态稳定，以提高计量的准确性。倍数段和整流段的长度均应大于或等于 2 倍管径。变送器前直管段应大于或等于 10 倍管径；后直管段的长度应大于或等于 5 倍管径。

二次表应与一次表配合使用，其作用使将一次表发出的电脉冲信号积算或转换为体积流量数。该表可灌装汽车罐车或灌桶。灌装时，在仪表上定好每桶容积和需装桶的数量后，可以自动定量灌装。

3. 其他灌装设备

（1）移动式手动灌油栓。

移动式手动灌油栓如图 4-6 所示。它和流量计联合应用时，就可在火车棚车和汽车上直接向空桶灌油，避免了搬运重桶的繁重劳动。

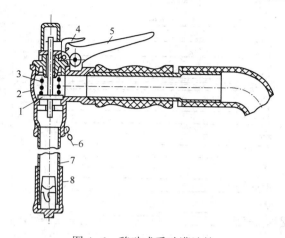

图 4-6　移动式手动灌油栓
1—阀；2—栓体；3—弹簧；4—掣子；5—手柄；6—链条；7—灌油管；8—防尘帽

（2）灌桶嘴与加油枪。

① 灌桶嘴是用于灌桶间油桶灌装的一种简易设备，它是由球阀、灌油管、升降管组成，见图 4-7。球阀是控制灌桶油流的，灌油管和升降管是插入桶口的。

② 加油枪是用于以发油廊、站台油桶灌装的，给汽车和用油机械设备加油的，见图 4-8。加油枪由阀、枪体、弹簧、灌油管等组成，见图 4-8。

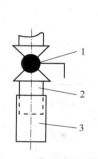

图 4-7　灌油嘴示意图
1—球阀；2—灌油管；3—升降管

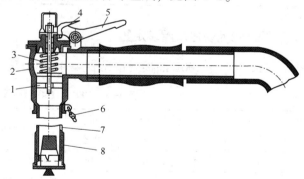

图 4-8　加油枪
1—阀；2—枪体；3—弹簧；4—掣子；
5—手柄；6—链条；7—灌油管；8—防尘帽

（3）输桶器。

输桶器是输送油桶的装置，油桶放在输桶器上输送，一者减轻人工体力，二者对油桶的损伤小，延长油桶的使用寿命。输桶器结构如图 4-9 所示，其种类见表 4-3。

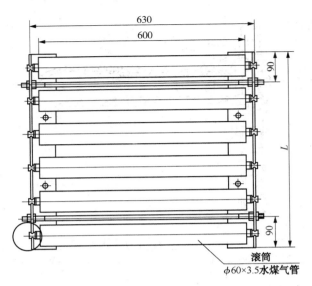

图 4-9　输桶器

表 4-3　输桶器种类

滚筒数	5	6	7	8	10	13	15
排架长度 L(mm)	480	580	680	780	980	1280	1380

四、油桶规格及灌装定量

（1）200L、100L 油桶规格见表 4-4，30L 扁桶规格见表 4-5。

表 4-4　200L、100L 油桶规格表

油桶种类	理论容量（L）	主要尺寸(mm)		桶净重(kg)	主要附件	一节 30t 火车装载量(个)
		高	外径			
200L 油桶	208	880	614	桶板厚 1.25mm 的约 24，桶板厚 1.5mm 的约 29	2in 桶塞 3/4in 桶塞	300
	213	900	614			
200L 润滑脂桶	208	880	614	桶板厚 1.25mm 的约 25，桶板厚 1.5mm 的约 30		280
	213	900	614			
100L 油桶	105	680	495	桶板厚 1.25mm 的约 15，桶板厚 1.5mm 的约 18	2in 桶塞 3/4in 桶塞	500
100L 润滑脂桶	105	680	495	桶板厚 1.25mm 的约 15.5，桶板厚 1.5mm 的约 18.5		500

表 4-5　30L 扁桶规格表

项目	数据	项目	数据
公称容量(L)	30	桶的高度(mm)	429±1
理论容量(L)	30.2±1	桶的宽度(mm)	416±1
铁皮厚度(mm)	0.8	桶的厚度(mm)	206±1

（2）油桶灌装定量，见表 4-6。

表 4-6　油桶灌装定量表　　　　　（单位：L）

油品名称	200L 桶		30L 扁桶	19L 方听
	夏季	冬季		
汽油	138	140	21	13
120#溶剂油	136	138	20	12
200#溶剂油	140	142	21	13
灯用煤油	158		24	15
轻柴油	160		24	15
重柴油	165		25	16
工业汽油	140	142	21	13
轻质润滑油	165		25	16
中质润滑油	170		26	17
重质润滑油	175		26	17
皂化油	175		26	17
刹车油	165		25	16
润滑脂	180		～	18
凡士林	180		～	18

注：（1）轻质润滑油包括仪表油、变压器油、冷冻机油、专用锭子油、电容器油、5#和7#全损耗系统用油、稠化机油、软麻油。

（2）重质润滑油包括100℃时运动黏度为 $20mm^2/s$ 以上的润滑油，如汽缸油、齿轮油等。

（3）中质润滑油指除上述两类油以外的油料。

第二节　桶装油品灌装工艺设计

一、灌桶流程及灌油栓数量确定

（一）灌桶流程

灌桶流程如图 4-10 所示。如果使用计量表计量，应在此流程的油气分离器后、转心阀前装设流量计。油桶灌装总管应布置在中间位置，下设灌油嘴。灌油嘴应按不同油品分组设置，并用阀门和盲板隔离。为防止不同油品相混，可每一种油品设1条总管。灌油嘴数量根据灌装任务确定。

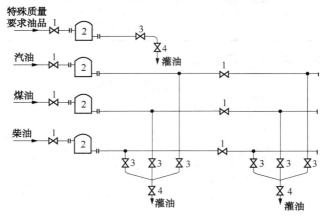

图 4-10　灌桶流程
1—闸阀；2—油气分离器；3—球形阀；4—转心

（二）油桶灌装的工作程序

油桶灌装的工作程序：在空油桶顶盖上喷涂规定内容的标记→称量油桶皮重并填写→按规定灌装油数量灌装作业→在标记中填写油品重量→机械或人工搬运到堆放库房（棚、场）。油桶灌装的流程：称量油桶皮重→从前（后）门送入油桶灌装间→油桶灌装作业→机械或人工从后（前）门输出重油桶→搬运到库房（棚、场）堆放。

（三）灌油栓数量的确定

对于重量法灌桶，灌油栓数量由下式计算：

$$n = Q/qkT\rho$$

式中　Q——每日最大灌桶量，t/d。（Q 等于日平均装桶量乘上不均匀系数。油品的日平均装桶量可按油库的业务情况决定。不均匀系数，对于有桶装仓库周转的油品，桶装的不均匀系数取 1.1～1.2；对于没有桶装仓库的油品，不均匀系数取 1.5～1.8）；

　　　　q——每个灌油栓每小时的计算生产率，m³/h［对于灌装 200L 桶汽油、煤油和轻柴油等油品的时间控制在 1min（流量为 12m³/h）较合适。灌装200L 润滑油油桶的时间应适当延长，规定为 3min（流量为 4m³/h）比较适宜］；

　　　　K——灌油栓的利用系数（一般取 $K=0.5$）；

T——灌油栓每日工作时间，h；

ρ——灌装油品的密度，t/m^3。

决定灌油栓数量时，还应适当考虑日后的桶装业务的发展情况。

二、灌桶间的建筑要求

（1）润滑油、含铅汽油灌桶间应单独设置；不含铅汽油、煤油、柴油可同设一栋灌桶间；润滑油或含铅汽油与汽、煤、柴油同一栋灌桶间灌桶时，应采用防火墙隔开。

（2）润滑油灌桶一般宜在室内。润滑油高架罐可以设在润滑油灌桶间上部。

（3）灌桶用油泵可与灌桶间设在同一栋建筑物内。对于甲B、乙类油品，应在油泵和灌油栓之间设防火隔墙。

（4）重桶堆放间可与灌桶间设在同一建筑物内，但必须设隔墙。

（5）灌装甲B、乙类轻质油品的灌桶间，其耐火等级不得低于二级，其余油品不低于三级。

（6）灌桶间一般采用素混凝土地坪，地面应设坡度坡向集油沟及集油井。

（7）灌桶间窗户采光面积与地坪面积之比应不小于 1：6。

（8）灌桶间的门应外开，高宽尺寸不小于 2m×2.1m。

（9）灌桶间应装自然通风或机械通风设备，每小时换气次数应不小于 8~12 次。室内禁止采用明火取暖。

（10）灌桶间的宽度一般取 5~6m，净高为 3.3~3.5m。若用流量表在靠近灌桶间外站台旁停的汽车上的油桶直接灌桶时，灌桶间的宽度可取 3m 左右，长度根据灌油栓的数量决定，每个灌油栓所占宽度应不小于一辆汽车的宽度。每个灌油栓所需的建筑面积约为 $12m^2$。

三、灌桶间的室内布置

灌桶间常按下列方式布置：空桶重桶分别采用前面进后面出或后面进前面出的方法，灌桶总管横穿灌桶间的中央，下面装设灌油栓。图 4-11 是这种布置的一个示例。不同油品的灌油管分布在不同的区域并相互连通，平时用阀门相隔，专栓专用。如遇业务变化，可打开中间分段阀，可换栓代灌其他油品。如图 4-12 所示是灌桶间另一种布置形式示例，每个灌油栓都与几种油品的灌油总管接通，这种布置可节省灌桶间面积，减少灌油栓数目。

灌油栓的相互距离应为 2m。灌油栓上的阀门装在高 1~1.5m 处以便操作。灌油总管横穿灌桶间中部时应离地 2m 以上，以不妨碍操作人员通过。采用重量法时，磅秤应设在地槽中，磅秤面应与辊床面保持水平，以便于桶的推上和推下。

用流量计进行计量灌桶时，灌桶间流程更加简单，在流量计后面管路上接软管和移动式手动灌油栓，可利用它直接向汽车上的空油桶灌油。灌桶间有1.1m高的汽车停靠站台，工作人员可拿着移动式灌油栓从站台直接走上汽车对油桶灌油。

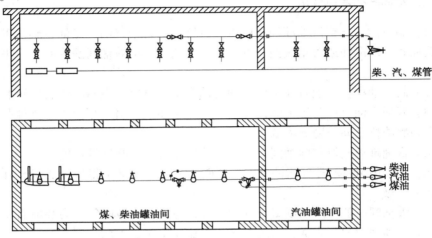

图4-11 灌桶间布置形式方案一

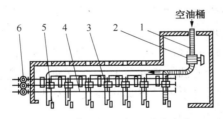

图4-12 灌桶间的布置形式方案二

1—辊床；2—空桶过秤；3—磅秤；4—灌油管道；5—卧桶器；6—气液分离器

第三节 桶装油品灌装作业与桶装油保管

一、桶装油品灌装作业

（1）凭业务主管部门的灌装通知单或用户提货单灌装或发油。

（2）校准磅秤。使用流量计计量的，应按规定测定油品温度、密度，并校准流量计。

（3）检查灌桶间管线各阀门油路通、断是否正确，并关紧不使用的管线和灌油栓阀门。检查灌油栓旋塞阀是否灵活，使用移动式手动灌油栓，应接好静电导地线。

（4）检查桶、听内是否含水含杂质。禁止使用塑料漏斗，禁止向塑料桶（听）内灌装闪点在 60℃ 以下的油品。

（5）灌装汽、煤油应佩戴口罩、手套等防护用品，尽量避免油品接触皮肤。下班后和饭前要洗手、洗脸。

（6）集中思想、集中精力，按规定的安全流速灌油，保持流速平稳。泵送灌装时，该泵组各灌油栓（龙头）避免同时关、停，防止压力增高；如灌装压力太大，应通知降低泵速，防止压脱胶管，损坏发油阀门而喷、溢油品。

（7）按照灌装定量掌握灌装量，误差不得超过 0.5kg。

（8）灌足量后下磅上紧桶盖。如需推倒转移，桶倒处应铺软垫，严禁用力以桶推桶。

（9）灌装作业过程中，应指定专人检查空桶，发现桶内有含水、含杂质，有漏缝、漏孔或装过化工原料及产品的油桶，应换桶装油或拒绝灌装；灌装后发现渗漏，立即倒装。

（10）油品加温灌装时，油温不得超过 65℃。灌装后桶盖不能随即拧紧，以防油温下降后形成负压，使油桶变形。油温下降后及时拧紧桶盖，防止水分、杂质进入。

（11）不允许在大风、雨、雪天或大雾潮湿气候下，进行露天灌装作业。

（12）灌装轻质油品作业所用工具，如开桶扳手等，必须是铜、铝合金材料制成的。操作中严禁铁器互相敲击，保持灌桶间通风良好。夏季采用机械通风，所使用的电器及其安装，都必须是符合 1 级爆炸危险场所的防爆要求。

（13）灌装完毕，及时放空管道内存油，关紧灌桶间所有输油闸阀；收整工具设备，清理现场，关闭灌桶间门、窗和出入油桶孔口。清点核对灌装数量，标清油桶面上的标记（品名、规格、重量等），及时归堆上垛，登记桶装油品账、卡。

二、倒装（倒桶）油桶作业

凡油桶渗漏，油桶抽出水分、杂质后整理归并，或把桶装油品倒装在用户油桶内、向用户发售桶装油品，必须把油从一只油桶倒装到另一只油桶，这项工作称为倒装作业。

（一）用半圆架倒装油桶

这是一种原始而较简易的倒桶方法，该半圆形倒桶架弦高为两只油桶的高度。用一根直径略小于桶口的短管（约 30cm 长），一端焊上空心桶盖，倒油时，把短管带桶盖的一端拧紧在实桶桶口，把另一只空桶倒置在实桶上，使短管另一端插入空桶口内。半圆架倒桶架的下弦扣住实桶底，弦另一端扣住空桶底，一人在半圆弧的一面用力向下攀，另一人站在半圆形弦的一面用力推被扣住的空实油桶。两人必须配合密切，即使空实油桶倒置过来，从而实现倒装。这种倒装劳动强度大，如果力小或用力不当，不易实现倒装，还可能发生挤压事故。

（二）虹吸法倒装油桶

用提升机（或人工）将立放的装油的油桶升高，以软管插入桶底部，使软管内的油面与油桶油液面水平后，折往桶外软管，猛一抽，立即松开弯折，迅速把软管另一段插入空桶，使高位桶内油流入低位空桶内，从而完成倒装作业。这种方法也比较原始，倒装速度慢。

（三）用压缩空气倒装

把低于98kPa的压缩空气注入桶内把油压出。用这种方法需要空压机，如压力超过油桶允许承压值时，容易发生油桶爆裂事故，一般不再采用。

（四）用油泵抽吸倒装

抽吸用的泵种类较多，有能直接插入桶底的油桶泵，有两端都用软管引接的手摇泵；还有人工、电动两用的转子泵等。用电作为动力的电动机都是隔爆型的，流量为40~50L/min，有的还带有流量计。用油泵倒装，方便省力，效率较高，是倒装作业发展的方向。

（五）倒装作业应注意的事项

（1）准备倒装的空桶，必须符合油品质量的要求。

（2）所用的倒装设备工具，应按油品类别分组，实行专组专用不得乱用。用后分组存放，妥善遮盖，防止沙尘污染。

（3）不宜用转子泵倒装轻质油品以及变压器油、电容器油和色度要求较高的润滑油。

（4）不得在大风沙、雨雪天气进行露天倒装作业。

（5）使用电动倒装设备进行倒装时，使用前应检查电气连接是否良好。导电接地装置是否有效，拖在地面上的导线还要防止人、车践踏碾压。

三、桶装油品的收发作业

桶装油品的收发有铁路、水路、公路三种。铁路整车桶装油品的收发作业程序比较复杂，其他运输方式的桶装油品收发相对简单。

（一）铁路整车桶装油品接收作业程序

1. 准备阶段

接收准备阶段按照下列程序和要求进行：

（1）下达作业任务。接到月收油计划后，业务部门拟定接收桶装油品方案，经库领导批准后，通报有关部门，做好收油准备工作。

（2）接到车站送棚车通知后，库领导召集有关人员，研究确定作业人员、存放场地、库房和装卸机具，提出注意事项，指定现场指挥员负责组织实施作业。

（3）接车、作业动员。消防员或运输人员按照机车入库要求，负责检查、监督机车入库送车；运输人员指挥调车人员将油罐车调到指定货位，索取证件，检查铅封，核对化验单、货运号、车号、车数。如发现铅封损坏，油品被盗，油库应当立即与接轨车站作好商务记录，并会同运输部门照章处理。现场指挥员进行作业动员（内容包括清点人数、编组分工、下达任务、明确流程、提出安全要求等），指定现场值班员负责本次作业的具体调度、协调工作。作业动员后，作业人员应当立即到达指定岗位，做好作业前各项准备和检查工作。

（4）作业前准备。

① 准备、检查装卸、搬运机械和工具。

② 准备、检查入库库房的垛位、垫木。

③ 准备消防器材并布置消防值班。

④ 夜间作业需接好照明设备。

⑤ 打开车门时，应缓慢，以免油桶滚出伤人，搭好跳板，通风换气后再实施作业。

2. 实施阶段

接收实施阶段按照下列程序和要求进行：

（1）准备就绪经检查无误后，现场指挥员下达卸车命令。

（2）人力卸车时，现场指挥员必须严密组织，正确指挥。作业人员应当听从指挥，注意安全，防止拥挤、抢卸。卸上层油桶时，先搭好跳板或摆正轮胎，严禁乱抛乱卸。

（3）机械卸车时，机械操作人员应当严格执行操作规程，注意安全。起吊和降落油桶时，机械附近和下方严禁站人；操作时应轻、准，吊运油桶应稳固；发生故障，果断处理。

（4）卸下来的油桶分品种、牌号摆放，留出通道，便于检查。

（5）卸车完毕，作业人员清理车厢，撤收跳板，关好门窗；运输人员通知车站挂车。

（6）验收入库。

① 保管人员应逐只油桶检查渗漏情况，发现渗漏，立即倒装。

② 计量人员会同保管人员按品种、牌号清点桶数，抽查秤重不少于总油桶数的5%，每桶误差不超0.5kg，如发现问题较大时，应只逐油桶检查。

③ 化验人员按规定逐只油桶检查水分、杂质，进行入库化验。

④ 入库的桶装油品，油库应刷写油库代号，标记不清的应擦净油桶后重新喷刷。

⑤ 现场指挥员核对运输、统计、化验和保管人员检查完成情况，发现问题及时处理。

⑥ 保管人员按有关要求，将桶装油品依顺序入库并堆放整齐。

3. 收尾阶段

接收收尾阶段按照下列程序和要求进行：

（1）作业人员填写各种作业记录。

（2）机械操作人员按操作规程对作业机械进行停车、保养，并填写运行记录。

（3）作业人员清理现场，整理归放工具，撤收消防器材，跳板归还原处，打扫场地、库房卫生，关锁门窗。

（4）现场值班员进行作业讲评，并向库领导报告作业完成情况。

（5）消防员按机车入库要求，监督机车入库挂车。

（二）铁路整车桶装油品发出作业程序

1. 准备阶段

发出准备阶段按照下列程序和要求进行：

（1）接到每月发油计划后，业务部门拟定发出桶装油品方案，经库领导批准后，通报有关部门，做好发油准备工作。

（2）运输人员根据铁路运输计划，按规定办理请车手续，填写运输凭证，向车站请车。

（3）准备桶装油品。

① 在灌装桶装油品前，化验人员逐只油桶检查桶内的质量情况，要求桶内无残油、无积水、无锈蚀、无污染物，桶体无严重变形和渗漏。

② 按有关规则在桶面上喷刷标记，字体工整，颜色醒目，漆层附着牢固。

③ 灌入桶内的油品质量合格，数量准确（每桶误差不超过 0.5kg），桶内无水分、杂质，化验人员应当抽查灌桶作业时最初 5 桶和最后 5 桶的桶内油品外观、水分、杂质情况。

④ 保管人员逐只油桶检查桶盖密封情况，桶体有无渗漏。

⑤ 按品种、数量分别整齐摆放在指定的货位上，如露天堆放，应当采取防雨、防曝晒措施。

⑥ 化验室开出化验单，要求每个货运号、每批油品随油发给一份化验单。

（4）作业前准备。

① 接到车站送空车通知后，库领导召集有关人员，研究确定作业人员，准

备装卸机具，提出注意事项，指定现场指挥员负责组织实施作业。

② 准备、检查装卸搬运机械和工具。

③ 准备消防器材并布置消防值班。

④ 夜间作业接好照明设备。

（5）消防员按照机车入库要求，检查、监督机车入库送车。运输人员指挥调车人员将车调到指定货位，检查车厢质量（底部无较大漏洞，无外露铁钉，门窗严密，厢内清洁），如车厢质量不符合要求及时报告。

2. 实施阶段和收尾阶段

发出实施和收尾阶段按照下列程序和要求进行：

（1）准备就绪经检查无误后，现场指挥员下达装车命令。

（2）接到装车命令后，作业人员按先装两端，后装中间；先装润滑油（脂），后装轻油；先装大桶，后装小桶的顺序装车。车内桶装油品应摆放整齐，桶体紧挨。

（3）人力装车时，现场指挥员应当严密组织，正确指挥；作业人员应当听从指挥，注意安全，防止拥挤、抢装。装上层油桶时，先搭好跳板，密切配合，稳抬轻放。

（4）机械装车时，机械操作人员应当严格执行操作规程，注意安全。起吊和降落油桶时，机械附近和下方严禁站人；操作应轻、准，吊运应稳固；发生故障，果断处理。

（5）装车完毕，保管人员清点数量，撤收跳板，关好门窗，协助运输人员封上铅封。

（6）运输人员将业务部门开出的发放凭证，化验室出具的化验单，送交车站并通知挂车。

（7）收尾阶段工作同接收作业。

四、桶装油品保管

（一）保管要求

桶装油品的保管应按以下方法和要求进行：

（1）按照油品的品种、牌号、批次、质量分类存放，做到油桶清洁、标记清楚、摆放整齐，并设置堆垛卡片。

（2）各种润滑油（脂）和特种液优先入库房保管。汽油、喷气燃料、轻柴油、乙醇存放在符合防爆要求的库房内。强酸、油漆、溶剂、电石、氧气瓶等危险品不得存放在同一库房内。

（3）库房内应保持清洁、整齐、无油味，门窗牢固完好。库房主通道宽度应不小于1.8m，垛间距不小于0.8m，垛与墙间距不小于0.5m。油桶双行立放，桶体紧靠，大口盖位于走道侧，底部有垫木，上层桶稳固，上桶底不压下桶大口盖。轻质油品油桶堆垛不得超过2层，润滑油(脂)油桶不得超过3层。

（4）露天临时存放桶装油品，桶下部一侧加垫，使桶体与地面成75°，单口朝上，双口在同一水平线上，雨天和炎热季节应当用篷布遮盖。放桶场地周围应有排水沟。

（5）保管人员根据收发情况应及时修改堆垛卡片，清点数量，定期检查桶装油品质量，发现漏油桶及时倒桶。

（二）桶装油品堆垛

依靠人力手工操作来实现桶装油品的堆垛和装卸，往往需要5个人协力(4人抬桶1人扶桶)完成，是油库劳动量最大的作业环节。近年来这项作业基本上实现了机械化。目前，油库在堆垛、装卸作业上除了采用铲车、鹰嘴吊外，还有人力手摇小吊车、电动小吊车、升降机等堆垛装卸机械。无论使用哪种机械，用于桶装油品堆垛应注意以下几点：

（1）用于闪点在28℃以下油品的堆垛、装卸机械，电气设备必须是隔爆型的，安装和线路连接也应符合防爆要求。配备非防爆电器的装卸机械，不允许进入储存甲、乙类油品库房、库棚、货场进行堆垛作业和装卸作业。

（2）各种小吊车、升降机，要有专人操作，并负责保管和维护保养，建立设备档案和运行记录。

（3）操作前应检查刹车是否有效、各焊接部位有无异变、各润滑摩擦部位和钢丝绳的润滑状况，手摇小吊车胶轮胎是否充气。

以上三点均处于良好状态时方可进行操作。

（4）操作程序和注意事项。

① 机械要放置平稳，下部安装人力车胶轮的手摇吊车，要支稳三角支架。

② 在机械上的电开关处于关闭状态时，接好地线，插好插销，接通电源。

③ 在升降机托盘上放置桶时，如果立放，要放置在托盘中心；如果卧放，桶两边要有支垫，防止滚动。吊车吊桶要扣紧桶边(或桶箍)。

④ 油桶吊(升)起后，托盘或吊杆下严禁站人或有人来回走动。

⑤ 关闭开关停止吊(升)时，应刹车，待完全停稳后，方可搬动油桶。

⑥ 操作中，如发现制动失灵，异常声响，应立即停止作业，应切断电源。严禁带电检修。

⑦ 作业完毕，关闭开关，切断电源，收好电缆，清理现场，将机械搬离消防通道。

参 考 文 献

[1] 范继义. 油库设备设施实用技术丛书：油品装卸设备[M]. 北京：中国石化出版社，2007.

[2] 总后油料部. 油库技术与管理手册[M]. 上海：上海科学技术出版社，1997.

[3] 《油库管理手册》编委会. 油库管理手册[M]. 北京：石油工业出版社，2010.

[4] 马秀让. 石油库管理与整修手册[M]. 北京：金盾出版社，1992.

[5] 马秀让. 油库工作数据手册[M]. 北京：中国石化出版社，2011.

[6] 马秀让. 油库设计实用手册[M]. 2版. 北京：中国石化出版社，2014.

编 后 记

20年前，我和老同学范继义曾参加《油库技术与管理手册》一书的编写，2012年我们两个老战友、老同学、老同乡、"老油料"，人老心不老，在新的挑战面前不服老，不谋而合地提出合编《油库业务工作手册》。两人随即进行资料收集，拟定编写提纲，并完成部分章节的编写，正准备交换编写情况并商量下一步工作时，范继义同志不幸于2013年6月离世。范继义的离世，我万分悲痛，也中断了此书的编写。

范继义同志是原兰州军区油料部高级工程师。他一生致力于油料事业，对油库管理，特别是油库安全管理造诣很深，参加了军队多部油库管理标准的制定，编写了《油库设备设施实用技术丛书》《油库安全工程全书》《油库技术与管理知识问答》《油库安全管理技术问答》《油库加油站安全技术与管理》《油库千例事故分析》《加油站百例事故分析》《油罐车行车及检修事故案例分析》《加油站事故案例分析》等图书。他的离世是军队油料事业的一大损失，我们将永远牢记他的卓越贡献。

范继义同志走后，我本想继续完成《油库业务工作手册》的编写，但他留下的大量编写《油库业务工作手册》素材的来源、准确性无法确定及他编写的意图很难完全准确理解，所以只好放弃继续完成这本巨著。但是其中很多素材是非常有价值的，再加上自己完成的部分书稿和积累的资料和调研成果，于是和石油工业出版社副总编辑章卫兵、首席编辑方代煊一起策划了《油库技术与管理系列丛书》。全套丛书共13个分册，从油库使用与管理者实际工作需要出发，收集了国内外油库管理及建设的新知识、新技术、新工艺、新标准、新设备和新材料，总结了国内油库管理的新经验和新方法，涵盖了油库技术与业务管理的方方面面。希望这套丛书能为读者提供有益的帮助。

马秀让

2016.9